模糊不确定性建模分析及应用

贺 辉 余先川 胡 丹 著

科学出版社

北 京

内 容 简 介

本书以模糊不确定性建模与土地覆盖分类应用为主题，分为算法理论和应用两部分。第一部分主要介绍模糊集系统理论方法，包括一型模糊集、二型模糊集，重点是面向模式识别的区间二型模糊集的构建、相异性度量和降型方法等；区间值数据建模理论主要分析了特定的区间值数据模型的建立方法和距离度量以及在此基础上进行的聚类分析模型和算法。第二部分论述不同的前沿模糊不确定性模型在土地覆盖分类中的应用技术路线及效果分析等。

本书可供影像处理、模式识别和地学信息工程等领域的高等院校教师和研究生参考，也可供相关领域的工程技术人员阅读。

图书在版编目 (CIP) 数据

模糊不确定性建模分析及应用/贺辉，余先川，胡丹著. —北京：科学出版社，2016.8
　ISBN 978-7-03-049638-6

　Ⅰ. ①模… Ⅱ. ①贺… ②余… ③胡… Ⅲ. ①模糊系统－不确定系统－系统建模－研究 Ⅳ. ①N945.12

中国版本图书馆 CIP 数据核字 (2016) 第 201533 号

责任编辑：任　静 / 责任校对：桂伟利
责任印制：徐晓晨 / 封面设计：迷底书装

科 学 出 版 社 出版
北京东黄城根北街 16 号
邮政编码：100717
http://www.sciencep.com

北京厚诚则铭印刷科技有限公司 印刷
科学出版社发行　各地新华书店经销
*
2016 年 8 月第 一 版　　开本：720×1 000 1/16
2018 年 3 月第三次印刷　　印张：9 1/4　彩插：6
字数：174 000
定价：**60.00 元**
（如有印装质量问题，我社负责调换）

前　　言

信息，特别是不确定性信息的表达和处理是当今信息时代的一个重要课题。信息的不确定性有多种形式，诸如随机不确定性、模糊不确定性、分辨率不确定性、未确知性等。在随机不确定性方面的研究已得到较多的成果与应用，而对于模糊不确定性的理论和处理方法还处于逐步认识和探讨阶段。本书针对模糊不确定性这一议题，结合其在土地覆盖分类中的应用展开论述。

草原的范围并不总是确定的，而是向森林或沙漠区域逐渐移动；土壤单元的边界、植被类型的划分也常常是模糊的，这就是模糊不确定性。概括地说，遥感数据模糊不确定性主要取决于数据边界判别、数据的复杂性、遥感成像技术水平和遥感影像解释等方面。非此即彼的分类模型对遥感影像土地覆盖分类过程中常常表现出不适应性，因为其无法描述待分类影像数据固有的不确定性，即类内的非均匀性和类间的模糊不确定性，使得遥感影像分类结果存在模糊不确定性。随着空间分辨率的提高，影像信息的多样性和干扰的复杂性给影像的分类带来了更大的挑战，现有的标准影像处理方法往往缺乏对此类不确定性的考虑，从而制约了遥感更广泛的应用，亟需在充分认识影像数据特点的基础上，研究合适的模糊不确定性建模方法，从而提高分类结果的可靠性和精度。

基于模糊集理论的模糊逻辑系统是非线性稳定系统很好的建模工具，具有良好的非线性逼近能力[1-3]。它能结合专家知识、语言变量以及人类的逻辑思维进行推理，被证实是处理复杂系统中模糊不确定性的一个非常好的工具，同时也成为优良的分类方法，广泛应用于模式识别问题。不过总有些美中不足，我们需要找到合理的方法来同时刻画同类型地物个体光谱的一定变化性及不同类别地物边界的模糊不确定性。区间值数据模型用来描述观测数据的可变性和模糊性，适合用以刻画遥感影像的类内非均质性；而二型模糊集更强的不确定性控制能力使得其适合用来刻画遥感影像类别的高阶模糊不确定性。因此，面向遥感影像分类，基于区间值数据和二型模糊集，开展遥感影像分类相关不确定性建模和处理分析方法研究具有重要的理论意义和应用价值。

本书从多光谱遥感影像数据自身和类别间相互关系的不确定性出发，探索有效的面向分类的遥感影像不确定性建模方法，一方面构建面向遥感影像土地覆盖分类的区间值数据模型，以刻画地物在遥感影像数据上呈现的不确定性（模糊性和多解性），从影像信息表达源头提高光谱近似或混叠的不同类别地物的区分度和光谱异质的同类别地物的包容性；另一方面将二型模糊集引入到多光谱遥感影像模糊分类器的设计中，以刻画遥感影像类别存在的高阶模糊不确定性，在此基础上提出各种自适应的模糊聚类算法。多组遥感影像土地覆盖无监督分类实验结果表明，本书提出的这一系列不确定性建模和模糊聚类方法能明显改善遥感影像的分类效果和提高分类精度，是对遥感影像土地覆盖自动分类的一次有益探索，同时也丰富了模糊不确定性建模理论。

　　本书研究工作得到了国家高技术研究发展计划项目"高空间分辨率影像目标自动识别"（2007AA12Z156）、国家自然科学基金面上项目（61071103、41272359）、北京师范大学自主科研重点基金"基于非线性光谱解混的高光谱遥感影像超分辨率重建"、教育部博士点基金"高光谱遥感影像的光谱解混与超分辨重建的研究"（20120003110032）以及广东省自然科学基金博士启动项目"土地覆盖分类的模糊不确定性建模研究"（2014A030310415）的资助。

　　本书参编作者还包括周伟（第4章、8章）、代莎（第4章）、安卫杰（第4章）。

　　感谢北京师范大学、北京师范大学珠海分校、北京师范大学"空间多源信息融合与分析校级重点实验室"对本书编写的支持。感谢国家自然科学基金委员会和广东省自然科学基金委员会的资助。感谢北京师范大学彭望璟教授、曾文艺教授对本书研究工作的指导和帮助。感谢北京师范大学何武的技术支持。

　　由于时间仓促，加之作者水平有限，书中难免存在疏漏之处，敬请读者指正。

目　　录

第1章 导　　论

1.1　模糊不确定性建模理论概述

现实中，我们接触到的各种各样的信息更多的时候是不确定的，如遥感影像数据具有固有的不确定性，即我们常说的"同物异谱"、"同谱异物"现象。所谓确定性，是指事物必然的、有规律的及清晰、明确的属性，而不确定是指事物或然的、无序的和模糊、近似的属性。信息的不确定性一般包括概率不确定性、模糊不确定性和分辨力不确定性。而模糊不确定性问题是影像分类识别等领域不可避免的问题，如何更好地认识和把握这种不确定性是我们必须解决的问题。

模糊理论和区间值数据理论等正是为处理这些模糊不确定性问题提出的有效的数学工具。模糊理论处理模糊不确定性充分考虑到了事物的中间过渡状态，克服了非此即彼的二值逻辑。而区间值数据是一种可反映观测数据的可变性和不确定性的符号数据，利用区间值思想对数据的模糊不确定性建模可以更好地刻画数据的本质特征。

模糊理论是指应用了模糊集合的基本概念或隶属度函数的理论，主要有以下五个分支。

（1）模糊数学：用模糊集合取代经典集合，从而扩展了经典数学中集合的概念。在经典集合理论中，一个元素对于一个集合，要么属于，要么不属于，即经典集合理论只能描述"非此即彼"的现象，而模糊集合论是研究和处理模糊性现象的理论。这里所谓的模糊性，主要是指客观事物的差异在中介过渡时所呈现的"亦此亦彼"的性质。例如高与矮、冷与热、多与少、大与小、亮与暗、粗与细、长与短等。这些对立的概念之间都没有泾渭分明的界限。模糊集合用隶属程度来描述这种差异的中介过渡，使它可以用精确的数学语言来描述自然和社会现象中存在的模糊性。可以说，模糊集合论是模糊理论提出和发展的基础。

（2）模糊逻辑与人工智能：引入了经典逻辑学中的近似推理，且在模糊信息和近似推理的基础上发展出专家系统。专家系统是人工智能中较活跃的一个分支，它是在模糊语言的基础上，利用模糊推理方法，把由自然语言描述的专门知识与经验转化为计算机程序，从而可以使计算机根据专家提供的特殊领域的知识、经验进行推理和判断，模拟专家做决定的过程，解决那些需要由专家决定的复杂问题，提出专业水平的解决方法或决策。

（3）模糊系统：是一种基于知识或基于规则的系统，核心是由所谓的 IF-THEN 规则所组成的知识库。一个 IF-THEN 规则就是一个用隶属函数对用自然语言所描述的某些句子所做的 IF-THEN 形式的陈述。模糊系统就是通过组合 IF-THEN 规则构造。

（4）不确定性信息和理论：是概率论、可信性理论、信赖性理论的统称。在信息时代，人们会接触到各种各样的信息。这些信息有时是确定的，但更多的时候是不确定的。确定是指事物有规律的、必然的、清晰的和精确的属性，不确定是指事物无序的、或然的、模糊的和近似的属性。怎样去认识和把握不确定性是我们需要解决的问题。模糊理论正是处理这些不确定性问题的一个有效的数学工具，例如，模糊随机理论、双重模糊理论和模糊粗糙理论等。其中模糊粗糙集理论与概率论、模糊数学和证据理论等其他处理不确定或不精确问题的理论有很强的互补性,因此，研究粗糙集理论和其他理论的关系也是粗糙集理论研究的重点之一。

（5）模糊决策：是模糊集合论和决策理论相结合的产物，是指在模糊环境下进行决策的数学理论和方法。模糊决策的研究始于 19 世纪 70 年代，涉及的领域很广，至今还没有明确的范围。常用的模糊决策方法有模糊排序、模糊寻优和模糊对策等。严格地说，现实生活中的决策大多数是模糊决策。例如，企业招聘过程中的很多指标性概念就是模糊的，如应聘者的能力、工作态度、性格等，因此模糊决策是决策过程中一种很有实用价值的数学工具。

以上这五个分支相互之间联系紧密，所涉及的领域之间往往互相重叠。例如，模糊识别过程中就涉及不确定性的相关理论和方法。

1.2　模糊不确定性建模理论及其应用发展历程

1965 年，美国加州大学伯克利分校电气工程系的 Zadeh 教授在《信息和控制》杂志上发表了一篇描述模糊集合理论的论文《模糊集合》[4]。这篇开创性的论文把"模糊"作为一种数学概念引入科学领域，是创立模糊理论这个新学科的最著名的杰作，是模糊理论诞生的标志。目前，模糊理论已经成为一个包含了多种研究课题的广阔领域，并且在自动化控制、信号处理、人工智能和通信等领域都有广泛的应用。

1968 年，Zadeh 提出模糊算法的概念，对模糊理论进行完善。

1970 年，Bellman 和 Zadeh 提出模糊决策理论。

1971 年，Zadeh 提出模糊排序算法。

1973 年，Zadeh 建立模糊控制的基础理论，提出模糊 IF-THEN 规则。

1975 年，Mamdani 和 Assilian 创立了模糊控制器的基本框架，并将模糊控制器用于蒸汽机控制。

1978 年，Holmblad 和 Ostergaard 为整个工业过程开发出第一个模糊控制器——模糊水泥窑控制器。

1978 年，《模糊集与系统》（International Journal of Fuzzy Sets and System）杂志创刊。

1980 年，Sugeno 开创了日本首次模糊应用——一家富士（Fuji）电子水净化工厂的控制系统。

1984 年，第一个有关模糊逻辑的国际会议在夏威夷召开（第一届模糊信息处理国际会议），成立了国际模糊系统学会。

1992 年，第一届 IEEE 模糊系统国际会议（IEEE International Conference on Fuzzy System，FUZZ-IEEE）召开。

1993 年，IEEE 创办了国际性模糊逻辑专业杂志《模糊系统》（Fuzzy Systems）季刊。

另外，2002 年 8 月 11 日李洪兴教授领导的北京师范大学科研团队采用变论域自适应模糊控制理论成功实现了全球首例四级倒立摆实物系统控制。随后，其领导的大连理工大学科研团队于 2010 年 6 月 18 日在世界上首次实现了空间四级倒立摆实物控制。

自 20 世纪 90 年代模糊理论在日本取得巨大成功以后，很多曾对模糊理论持批评态度的欧美学者转变了观念，给予模糊理论的发展以极大的重视。迄今为止，模糊理论发展迅猛，对模糊理论一些基本问题的研究已经取得了可喜的进步。

虽然传统的一型模糊理论和方法已经在自然科学和社会科学各领域的应用中取得了引人注目的成就，但由于一型模糊集合本身在描述模糊不确定性方面的缺陷，使得模糊方法与传统的经典方法相比并没有体现出明显的优势。二型模糊集合理论的提出有效地弥补了一型模糊集合的这一缺陷。由于二型模糊集合的隶属度函数是三维的，它可以直接掌控和描述多重不确定性信息，使其在处理复杂非线性问题上具有一定优势。针对一型模糊集其隶属度函数是确定的，不具有柔性，很难满足图像的多方面边缘检测要求，及传统 PalKing 算法采用单一阈值对图像进行增强难以满足灰度变化丰富且含大量信息的彩色遥感图像处理的要求，汪林林等[5]提出了一种新的基于区间二型模糊集的彩色遥感图像边缘检测方法。实验结果表明，它能较好地检测出彩色遥感图像边缘，因此是一种实用有效的彩色遥感图像边缘检测方法。

另一方面，问题的复杂性、不确定性以及人类思维的模糊性的不断涌现，使得人们很难客观地对问题作出评判和决策。例如，"青年人"是一模糊概念，人们很难在标志年龄的数轴上用一个数值来划分它，然而在处理实际问题时，人又总是习惯将青年人的年龄限制成一个区间，以便给出划分和决策，从而区间值数据建模理论应运而生，并越来越多地应用于综合决策、气象分析、数字图像处理等领域。

1.3　本书的结构与章节安排

本书在深入研究模糊不确定性建模理论的基础上,力图通过引入区间思想,设计面向多光谱遥感影像土地覆盖分类的信息不确定性表达模型,以刻画遥感影像目标类内固有的不确定性,即同类目标像元灰度值在一定范围内变化的特性,从而从遥感影像特征信息表达源头抑制影像数据不确定性对分类的不利影响。进而在模糊分类理论框架下,构建合适的类别不确定性描述模型以刻画遥感影像类别间的高阶模糊不确定性,遥感影像某个像元可以属于多个类别也可以不属于任何类别,分类不应是一个非此即彼的硬划分过程,也不应是一个按照确定隶属度值的类别划分过程,而应是在对某个像元属于某个类别隶属度的不确定性建模基础上实施的模糊划分过程。同时寻求合适的具有多波段特点的影像特征区间相异性度量方法和解决二型模糊集的快速降型问题,探索高效、可靠的中高分辨率多光谱影像自动分类策略。

后续各章的具体安排如下:

第 2 章将全面阐述模糊理论,特别是二型模糊逻辑系统的特点及在分类中的应用及二型模糊集描述和控制遥感影像模糊属性的能力。

第 3 章将概述区间值数据模型及相关性质和相异性度量等区间值数据模糊建模理论。

第 4 章将介绍模糊不确定性经典算法,这是本书研究应用工作的重要基础。

第 5 章将描述本书应用研究目标遥感数据的不确定性及其分类识别的常规方法和主要不足。

第 6 章将基于原影像数据为观测样本均值的假设设计了以原影像数据为区间中值的区间值数据模型,并提出了一种区间最大相异性度量方法。在此基础上,引入自适应区间宽度伸缩因子,提出了自适应区间模糊 C 均值聚类算法。实验结果验证了模糊聚类方法明显优于经典的 ISODATA 算法,而基于区间值数据建模的自适应模糊聚类结果明显优于传统模糊 C-均值聚类方法。

第 7 章将设计一种基于高分辨率影像对象(像斑)统计特征的区间模型,在此基础上提出一种多维区间最大相异性度量方法和面向对象的自适应模糊无监督分类方法,进而进行遥感影像的自动模糊分类,通过 3 组实验验证了算法的有效性和相比于原有面向对象无监督分类方法的优势。

第 8 章将基于模糊化参数的不确定性构建了面向遥感影像土地覆盖分类的二型模糊集,提出了二型模糊聚类的通用模型,在此基础上进行多组基于区间模糊 C 均值聚类的遥感影像自动分类实验,结果验证了二型模糊集刻画影像类间高阶模糊不确定性的优越能力,同时二型模糊分类算法可以获得比一型模糊 C 均值聚类算法更优的结果。

第 9 章将提出一种基于样本集模糊距离度量的区间二型模糊集构建方法，并提出一种基于自适应探求等价一型代表集的高效降型方法，在此基础上提出了自适应区间二型模糊聚类算法。分类结果优于第 8 章区间二型 FCM（KM-IT2FCM）和已有文献提出的简易降型方法，且时间复杂度大大降低。

第 10 章将对本研究所探索提出的不确定性建模和模糊分类方法做出系统的比较、适应性评价和通过适当的模型扩展构建综合区间分类模型。

第一部分　模糊不确定性建模算法理论基础

　　模糊集的提出旨在描述观测样本间若即若离的模糊关系，即在分类时允许类别重叠，隶属度函数可变时即为二型模糊集，而区间值数据作为符号数据分析的重要研究内容，其本质在于刻画观测数据自身的可变性和不确定性。从遥感影像土地覆盖分类意义上看，两者可分别描述分类不确定性的两个方面：类间模糊不确定性和类内可变性。通过对影像模式集设计恰当的二型模糊集可以描述和控制类间混叠的模糊不确定性，而通过对影像数据构建合适的区间值信息表达模型可以刻画类内样本的可变性和不完整性。

　　另一方面，区间值数据和二型模糊集是非常规数据和集合，都迫切需要适宜的处理分析方法。其中距离度量是影响基于区间值数据模型的影像模糊分类结果的关键因素之一，在这一部分，我们也将对各种距离定义的适应度做比较和分析，这是本书第 6 章、第 7 章和第 10 章面向影像土地覆盖分类提出的区间值数据模型相异性度量定义的理论依据；而二型模糊系统应用到遥感影像土地覆盖分类中需要解决两个难点：二型模糊集的构建和降型，本书将在第 8 和第 9 章对此进行更深入的探讨和研究。

第2章 模糊系统理论基础

2.1 概　　述

模糊性是指客观事物的差异在中间过渡中的不分明性。如在我们的生活中，经常会碰到"很高"、"有点胖"这类语言，它表示的语意是模糊的、不精确的。模糊逻辑系统不同于通常的专家系统，前者把专家知识先转换成数学形式，然后加以应用；而后者是将专家知识用计算机语言来表达。也就是说，模糊系统把自然语言描述的知识，如高、矮、胖、瘦等转换成数学函数表达，而专家系统把符号转换成另一种符号[6]。其核心是构建所谓的 IF-THEN 规则库，而后通过组合 IF-THEN 规则构造模糊系统[7]。其中模糊规则库的获取和优化是模糊规则库构造的瓶颈问题[8]，不过这不是本书讨论的重点。本书的模糊规则主要根据待分类样本属于某个类别的隶属度来定义，形如：

$$R: \text{If } \mu_k(x) = \max(\mu_k(x))(k = 1, 2, \cdots, K) \text{ Then } x \in C_k$$

其中，$\mu_k(x)$ 表示样本 x 属于类别 C_k 的隶属度，该规则是按照最大隶属度原则判别 x 的归属类别。

对于用模糊集来处理模糊不确定性而言，关键的问题是确定隶属函数。隶属函数的确定是分析模糊不确定性的关键，不同的隶属函数会得到不同的结果。因此，隶属函数定义理论是模糊系统的基础，也是本书的基础理论之一，本章后续各节将简要阐释相关的概念和理论。

2.2 一型模糊集

在经典集合论中，论域中的任一元素与某个集合之间的联系完全符合二值逻辑的要求：要么属于某个集合，要么不属于这个集合，也就是说元素对于集合的关系是明确的，表达了非此即彼的概念。然而客观世界的很多现象是不能用分明集或者二值逻辑表示的，我们无法用语言或逻辑来处理现实世界中的很多问题的不完全、不精确、模糊或者不确定的信息。如用于遥感影像表征的地物信息和数据解译有着固有的不确定性[9]，对某像元类别的精确划分表达通常困难，特别是不同地物过渡带像元或混合像元的类别归属都是不明确的。Zadeh 教授 1965 年提出的一型模糊集是对模糊现象或模糊概念的刻画，研究的是一种模糊不确定性现象，这种不确定性是由于事物之间的差异的中间过渡性所引起的划分上的不确定性[10]。

2.2.1　隶属函数及 α – 截集

一个模糊集的成员隶属度表明了该元素属于那个集合的确定性或不确定性程度。假设 $x \in X$ 是论域 X 的一个具体元素，一个一型模糊集 A 可以由其成员的隶属（成员）函数（membership function，MF） $\mu(x)$ 来刻画[11]：

$$A = \left\{ \left(x, \mu(x) \right) \middle| \forall x \in X, \mu(x) \in [0,1] \right\} \tag{2-1}$$

因此对于任意的 $x \in X$， $\mu(x)$ 表明了元素 x 属于模糊集 A 的确定程度。

一型模糊集的 α – 截集，记为 A_α，是一个分明集，可以用如下公式描述：

$$A_\alpha = \left\{ x \middle| \mu(x) \geqslant \alpha \right\} \tag{2-2}$$

显然，A_α 包括梯度值大于等于特定值 α 的所有元素。因此，在离散情况下 A_α 为定义域 x 元素的集合，在连续情况下 A_α 为 x 的一个区间。一个例子如图 2-1 所示，此处一型模糊成员函数为三角型函数，它的一个 α – 截集是 x 轴上这些黑色圆圈之间的所有元素。让 $I_{A_\alpha}(x)$ 作为分明集 A_α 的一个指示函数，如：

$$I_{A_\alpha}(x) = \begin{cases} 1, & x \in A_\alpha \\ 0, & \text{其他} \end{cases} \tag{2-3}$$

进而可以定义与该 α – 截集 A_α 相关的一型模糊集如下：

$$A_\alpha = \left\{ \left(x, \alpha I_{A_\alpha}(x) \right) \middle| \forall x \in X \right\} \tag{2-4}$$

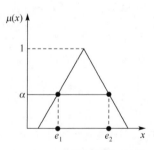

图 2-1　一个一型模糊三角成员函数和它的一个 α – 截集

尽管一型成员函数是一种表达一型模糊集的常规方式， α – 截集提供了另一种表达一型模糊集的方式，如图 2-2 所示。在两个端点 e_1 和 e_2 之间的所有 x 取值都是 α – 截集。用 α – 截集表征一型模糊集的基本思想如下所述。一个一型模糊集 A 等同于与其相关的一型截集 $A(\alpha)$ 的联合， $\alpha \in [0,1]$：

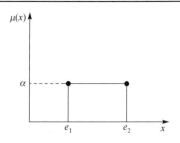

图 2-2 $A(\alpha)$ 的成员函数

$$A = \bigcup_{\alpha \in [0,1]} A(\alpha) = \sup_{\alpha \in [0,1]} A(\alpha) \qquad (2-5)$$

与在理论分析上非常有用的成员函数定义不同，α–截集表达通常给我们提供了良好的计算能力，比如计算模糊加权均值。

在一型模糊集定义基础上可以建立一型模糊逻辑系统，其结构如图 2-3 所示。

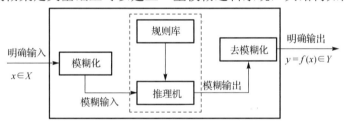

图 2-3 一型模糊系统结构图

2.2.2 模糊等价关系

一个模糊相似关系 μ_s 定义需满足自反性、对称性和最大–最小可传递性：

模糊关系 $\tilde{R}$ 对称：当且仅当 $\tilde{R}(x,y) = \tilde{R}(y,x), \forall x, y \in X$。

模糊关系 $\tilde{R}$ 的自反性：当且仅当 $\mu_{\tilde{R}}(x,x) = 1, \forall x \in X$。

模糊关系 $\tilde{R}$ 的最大–最小值可传递性：当且仅当 $\tilde{R} \circ \tilde{R} \subseteq \tilde{R}$。

有限数量的元素间的相似关系可以由一棵相似树或相似树状图表示。每一级代表一个 α–截集，或相似关系集合。例如表 2-1 所示数据的相似关系树如图 2-4 所示。

表 2-1 相似关系示例数据集

	x_1	x_2	x_3	x_4	x_5	x_6
x_1	1	0.2	1	0.6	0.2	0.6
x_2	0.2	1	0.2	0.2	0.8	0.2
x_3	1	0.2	1	0.6	0.2	0.6
x_4	0.6	0.2	0.6	1	0.2	0.8
x_5	0.2	0.8	0.2	0.2	1	0.2
x_6	0.6	0.2	0.6	0.8	0.2	1

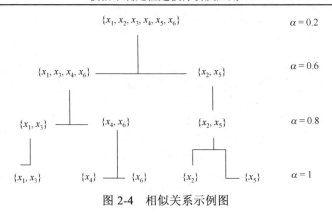

图 2-4　相似关系示例图

2.3　二型模糊集理论

2.3.1　二型模糊集理论的提出

一型模糊集（Type 1 Fuzzy Set，T1-FS）的缺陷主要是因为其所采用的模糊隶属函数是"精确"的，模糊推理规则中并不能蕴含不确定性信息，一旦隶属函数确定，一型模糊集便不再"模糊"，也即退化为分明集合，即当变量的取值不确定或不精确时，一型模糊集便不再适用，这显然违背了 Zadeh 教授当年提出模糊集合论的初衷[12]。直觉模糊集（intuitionistic fuzzy set，IFS）和区间模糊集（interval-valued fuzzy set，IVFS）是两种对一型模糊的直观的直接扩展模糊集，不过不在本书的讨论范畴。1975 年 Zadeh 教授[13]通过扩展一型模糊集，引入了二型模糊集（Type 2 Fuzzy Set，T2-FS）的概念，如图 2-5(b)所示。二型模糊集的提出有效地弥补了一型模糊集在描述不确定性方面的不足。

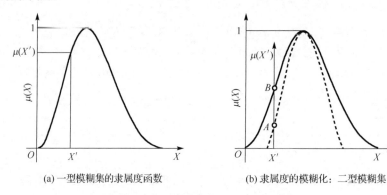

(a) 一型模糊集的隶属度函数　　　　　(b) 隶属度的模糊化：二型模糊集

图 2-5　一型模糊集的扩展示意图

因为二型模糊集采用了三维的隶属函数，使其集合元素的隶属度本身成为一个

[0, 1]间的模糊数，所以提供了更多的自由度，可以直接控制多重的不确定性信息[10,14]，更适于处理类似于遥感影像土地覆盖分类中出现的多重不确定性（数据不确定，数据之间的关系不确定）的情况。

本节接下来主要阐述二型模糊集的定义、不确定性迹（footprint of uncertainty，FOU）及其相似性度量概念。

2.3.2　二型模糊集定义及其 FOU

上文已经介绍了一个二型模糊集（T2-FS）通过不确定的隶属度来描述一个元素属于某个集合的不确定性，根据 Zadeh 教授 n 型模糊集的定义[13]，可得出二型模糊集的定义如下。

定义 2-1　二型模糊集：论域 X 上的一个二型模糊集 $\tilde{A}$ 定义为[15]：

$$
\begin{aligned}
\tilde{A} &= \{((x,u),\mu_{\tilde{A}}(x,u)) \big| \forall x \in X, \forall u \in J_x \subseteq [0,1]\} \\
&= \int_{x \in X} \int_{u \in J_x} \mu_{\tilde{A}}(x,u)/(x,u) \quad J_x \subseteq [0,1]
\end{aligned}
\tag{2-6}
$$

其中，$x \in X, u \in J_x$，$\mu_{\tilde{A}}(x,u)$ 为论域 X 上的一个二型模糊隶属函数。称变量 x 是主隶属度变量，变量 u 是次隶属度变量，J_x 是 x 的主隶属度（见式（2-8）定义），$\mu_{\tilde{A}}(x,u)$ 为次隶属度。运算符 $\iint$ 表示 x 和 u 所有可能取值的并，$0 \le \mu_{\tilde{A}}(x,u) \le 1$。

二型模糊集的 FOU 为每个点与其主隶属度所有笛卡儿积的联合，可定义为"所有主隶属度的联合"。Mo 等人修正了早先 Mendal 等人提出的 FOU 定义[16]，提出新的二型模糊集 FOU 如下[17]。

定义 2-2　设 ω 为论域 X 的一个二型模糊集，则：

$$
\text{FOU}(\omega) = \bigcup_{x \in X} x \times J_x
\tag{2-7}
$$

其中 J_x 定义如下：

$$
J_x = f(u); u \in [u_L(x), u_U(x)]
\tag{2-8}
$$

如果 ω 为一个连续的二型模糊集，则修改后的 $\text{FOU}(\omega)$ 定义如下：

$$
\text{FOU}(\omega) = \bigcup_{x \in X} [\underline{\mu}_{\omega}^1(x), \overline{\mu}_{\omega}^1(x)]
\tag{2-9}
$$

其中，$\underline{\mu}_{\omega}^1(x), \overline{\mu}_{\omega}^1(x)$ 分别为下界隶属度函数（lower membership function，LMF）和上界隶属度函数（upper membership function，UMF）。

可以证明，$\text{FOU}(\omega)$ 为论域 X 上那些隶属度在 UMF 和 LMF 之间的所有一型模糊集的集合[17]。图 2-6 和图 2-7 所示为一个线性二型模糊集和高斯二型模糊集及其 FOU 示例，其中阴影部分表示不确定性区域。如各左图所示，x 的主隶属度由定义

域为 $[u_L(x), u_U(x)]$ 的函数 J_x 表示，也就是说每一个 x 对应着一个主隶属度函数。各右图所示为左图 x 的一个垂直切片，粗黑实线所示为 x 的次隶属度函数。然而，从二型模糊集的定义可以看出，对于论域 X 中的每一个变量 x，我们除了要根据其主隶属度函数计算其主隶属度 J_x 外，还要对每一对二元组 $(x;u)$ 计算次隶属度 $\mu_{\tilde{A}}(x,u)$，如此高的计算复杂度极大地阻碍了二型模糊集合理论的发展。因此，在其提出后的二十多年时间里并未受到多少关注。

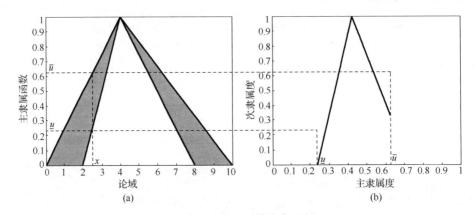

图 2-6　线性二型模糊集示例

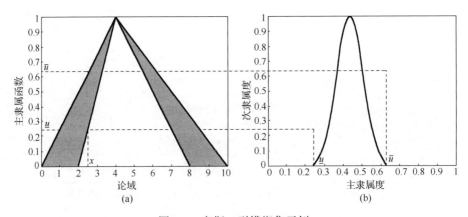

图 2-7　高斯二型模糊集示例

2.3.3　二型模糊集的 α 平面表示

α 平面概念是一个独立的研究问题，研究者包括 Liu、Chan 和 Kawase 以及 Tahayouri 等[18]。一个一般二型模糊集 $\tilde{A}$ 的一个 α 平面为 $\tilde{A}$ 中次隶属度大于等于 $\alpha(0 \leqslant \alpha \leqslant 1)$ 的元素的主隶属度的联合。$\tilde{A}$ 的 α 平面记为 $\tilde{A}_{\alpha}$，其定义如下：

$$\tilde{A}_{\alpha} = \int_{\forall x \in X} \int_{\forall u \in J_x} \{(x,u) \mid f_x(u) \geqslant \alpha\} \tag{2-10}$$

次隶属函数 $\mu_{\tilde{A}}(x)$ 的一个 α - 截集可以表示为 $S_{\tilde{A}}(x \mid \alpha)$：

$$S_{\tilde{A}}(x \mid \alpha) = [S_L(x \mid \alpha), S_R(x \mid \alpha)] \tag{2-11}$$

因此，$\tilde{A}_{\alpha}$ 可以由它的次隶属成员函数的所有 α - 截集组合而成，例如：

$$\tilde{A}_{\alpha} = \int_{\forall x \in X} \frac{S_{\tilde{A}}(x \mid \alpha)}{x} = \int_{\forall x \in X} \frac{\int_{\forall u \in [S_L(x \mid \alpha), S_R(x \mid \alpha)]} u}{x} \tag{2-12}$$

利用 α 平面我们可以重新定义 FOU，FOU 等价于最低的 α 平面，如：

$$\text{FOU}(\tilde{A}) = \tilde{A}_0 \tag{2-13}$$

每一个 α 平面限制在由其上界隶属函数 $\overline{\mu}_{\tilde{A}}(x \mid \alpha)$ 和下界隶属函数 $\underline{\mu}_{\tilde{A}}(x \mid \alpha)$ 约束的范围内。$\tilde{A}_{\alpha}$ 的上界和下界隶属函数可以用 α - 截集描述如下：

$$\overline{\mu}_{\tilde{A}}(x \mid \alpha) = \int_{x \in X} s_R(x \mid \alpha) \tag{2-14}$$

$$\underline{\mu}_{\tilde{A}}(x \mid \alpha) = \int_{x \in X} s_L(x \mid \alpha) \tag{2-15}$$

每一个 α 平面实质是一个中心为 $C_{\tilde{A}_{\alpha}}(x)$ 的区间二型模糊集（定义见下一小节描述）。Liu[11]证明了一个一般二型模糊集 $\tilde{A}$ 的中心 $C_{\tilde{A}_{\alpha}}(x)$ 由其所有 α - 截集的组成，如：

$$C_{\tilde{A}}(x) = \bigcup_{\alpha \in [0,1]} \frac{\alpha}{C_{\tilde{A}_{\alpha}}(x)} \tag{2-16}$$

而每一个 α 平面的中心 $C_{\tilde{A}_{\alpha}}(x)$ 均有一个上界和下界，因此一个一般二型模糊集 $\tilde{A}$ 的中心可以重写为：

$$C_{\tilde{A}}(x) = \bigcup_{\alpha \in [0,1]} \frac{\alpha}{[c_l(\tilde{A} \mid \alpha), c_r(\tilde{A} \mid \alpha)]} \tag{2-17}$$

我们也可以通过某种模型逼近的方法构造二型模糊集，如 Ngo 等[19]基于不规则三角网络得到二型模糊集的近似表示。

2.3.4　区间二型模糊集

针对二型模糊集运算复杂度较高的问题，Liang 和 Mendel[20]借鉴模糊逻辑中区间集合的相关概念，通过把二型模糊集的二阶隶属函数定义为隶属度为"1"的区间模糊集合，也就是使次隶属度函数 $\mu_{\tilde{A}}(x,u) = 1$ 提出了区间二型模糊集的概念，从而大大简化了二型模糊逻辑的运算复杂性[12]。本书所讨论的均为基于区间二型模糊集理论[21,22]。一个区间二型模糊集 $\tilde{A}$ 定义如下。

定义 2-3 区间二型模糊集：论域 X 上的一个区间二型模糊集 $\tilde{A}$ 定义为：

$$\tilde{A} = \int_{x \in X} \int_{u \in J_x} u_{\tilde{A}}(x,u) / (x,u) \, J_x \subseteq [0,1], \quad \mu_{\tilde{A}}(x,u) = 1 \qquad (2\text{-}18)$$

其中，$x \in X, u \in J_x$，$\mu_{\tilde{A}}(x,u)$ 为论域 X 上的一个二型模糊隶属函数。称变量 x 是主隶属度变量，变量 u 是次隶属度变量，J_x 是 x 的主隶属度，运算符 $\iint$ 表示 x 和 u 所有可能取值的并，$\mu_{\tilde{A}}(x,u) = 1$ 为次隶属度，表示区间二型模糊集的次隶属度恒等于 1，如图 2-8 所示。

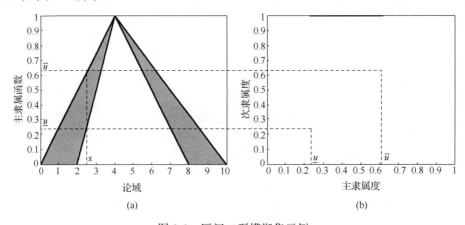

(a)　　　　　　　　　　　　(b)

图 2-8　区间二型模糊集示例

图 2-8 中阴影部分表示不确定性区域。如图 2-8(a)所示，x 的主隶属度由一个区间 $[\underline{u}(x), \overline{u}(x)]$ 表示，也就是说每一个 x 对应着一个隶属度区间：

$$J_x = [\underline{u}(x), \overline{u}(x)] \qquad (2\text{-}19)$$

图 2-8(b)所示为左图 x 的一个垂直切片，粗黑实线所示为 x 的次隶属度函数，其值恒为 1。

Mo 等 2014 年提出新的离散区间二型模糊集定义[17]。假定 ω_2 为论域 $\boldsymbol{X} = \{x_1, \cdots, x_k, \cdots, x_n\}$ 上的一个离散区间二型模糊集，则初始隶属度矩阵可描述如下：

$$J_x = \begin{cases} \{u_{11}, \cdots, u_{1k}, \cdots, u_{1m_1}\}, & x = x_1 \\ \vdots & \vdots \\ \{u_{i1}, \cdots, u_{ik}, \cdots, u_{im_i}\}, & x = x_i \\ \vdots & \vdots \\ \{u_{n1}, \cdots, u_{nk}, \cdots, u_{nm_n}\}, & x = x_n \end{cases} \qquad (2\text{-}20)$$

也就是说，当 $x = x_i$，其隶属度等级为 $\{u_{i1}, \cdots, u_{ik}, \cdots, u_{im_i}\}$，其中 $i = 1, \cdots, n$。对应的新的 FOU 可写成：

$$\mathrm{FOU}(\omega_2) = \sum_{i=1}^{n} \sum_{j=1}^{m_i} \frac{u_{ij}}{x_i} \tag{2-21}$$

此公式也可以写成：

$$\mathrm{FOU}(\omega_2) = \bigcup_{i=1}^{n} \bigcup_{j=1}^{m_i} \{(x_i, u_{ij})\} \tag{2-22}$$

接下来可得到离散区间二型模糊集定义如下：

$$\omega_2 = \sum_{i=1}^{n} \sum_{j=1}^{m_i} \frac{1/u_{ij}}{x_i} \tag{2-23}$$

2.3.5　面向模式识别的区间二型模糊集的构建

从模式数据自动生成区间二型模糊隶属度函数，主要有启发式方法、基于直方图的方法和基于区间二型模糊 C 均值（IT2-FCM）的方法等。本节简单介绍这 3 种方法，更详细的介绍请参考文献[23]。

1. 启发式方法

启发式方法是采用启发式一型模糊隶属度函数和一个比例因子生成区间二型隶属度函数的设计方法[23]。其采用一个恰当的预定义一型隶属函数来表征模式数据的初始分布，如三角函数、梯形函数、高斯函数、S 型函数或 π 函数等，这些函数的几种常见定义如下：

三角函数：

$$\mu(x; a, b, c) = \begin{cases} 0, & x \leqslant a \\ \dfrac{x-a}{b-a}, & a \leqslant x \leqslant b \\ \dfrac{c-x}{c-b}, & b \leqslant x \leqslant c \\ 0, & x \geqslant c \end{cases} \tag{2-24}$$

梯形函数：

$$\mu(x; a, b, c, d) = \begin{cases} 0, & x \leqslant a \\ \dfrac{x-a}{b-a}, & a \leqslant x \leqslant b \\ 1, & b \leqslant x \leqslant c \\ \dfrac{c-x}{c-b}, & c \leqslant x \leqslant d \\ 0, & x \geqslant d \end{cases} \tag{2-25}$$

高斯函数：

$$\mu(x) = \mathrm{e}^{\frac{-(x-c)^2}{2\sigma^2}} \tag{2-26}$$

S-函数：

$$S(x;a,b,c) = \begin{cases} 0, & x \leqslant a \\ 2 \cdot \left(\dfrac{x-a}{b-a}\right)^2, & a < x \leqslant b \\ 1 - 2 \cdot \left(\dfrac{x-a}{c-a}\right)^2, & b < x \leqslant c \\ 1, & x > c \end{cases} \tag{2-27}$$

π-函数：

$$\pi(x;a,b,c) = \begin{cases} S\left(x;c-b,c-\dfrac{b}{2},c\right), & x \leqslant c \\ S\left(x;c,c+\dfrac{b}{2},c+b\right), & x > c \end{cases} \tag{2-28}$$

从式（2-24）到式（2-28）中为给定模式集选取一个合适的函数，接下来就可以通过确定函数的参数来设计特征 i 的启发式一型函数 $\mu(x)$，这将成为区间二型模糊隶属函数的上界 $\overline{\mu}_i(x)$。下界 $\underline{\mu}_i(x)$ 通过因子 $\alpha(0 < \alpha < 1)$（通过由专家提供）对隶属区间上界进行比例缩放得到，则对于特征 i 的启发式方法的 FOU 可以表示为：

$$\bigcup \forall x \in \boldsymbol{x}[\underline{\mu}_i(x), \overline{\mu}_i(x)] = \bigcup \forall x \in \boldsymbol{x}[\mu_i(x), \alpha \cdot \mu_i(x)], \quad 0 < \alpha < 1 \tag{2-29}$$

对于二维或更高维输入数据，我们可以通过对所有特征的上界和下界隶属函数求交集得到整体 FOU，例如，选择最小值操作作为求交集的方法，则 FOU 可以表示为：

$$\bigcup \forall x \in \boldsymbol{x}[\underline{\mu}(x), \overline{\mu}(x)] = \bigcup \forall x \in \boldsymbol{x}[[\min_i(\underline{\mu}_i(\boldsymbol{x}_i)), \min_i(\overline{\mu}_i(\boldsymbol{x}_i))]] \tag{2-30}$$

其中，$\underline{\mu}(x)$ 和 $\overline{\mu}(x)$ 分别为对所有特征求得的所有上限隶属函数值和下限隶属函数值的最小值。

算法步骤：

（1）为给定数据集选取一个合适的一型隶属函数；

（2）设置专家提供的隶属函数的参数；

（3）利用式（2-29）和式（2-30）设计隶属函数的上界和下界。

2. 基于直方图的方法

已知每个类别给定样本数据（训练区）的直方图，采用一个恰当的参数化函数对从每个类别的样本数据提取特征的平滑直方图建模。

直方图可以用来有效地描述输入数据特征分布，因此从直方图中产生的隶属函数被认为比启发式方法得到的隶属函数更适合任意分布的数据集。Byung 等提出了一种通过拟合参数化函数平滑样本数据直方图设计二型区间隶属函数的方法[23]。该方法第一步是直方图的构建和平滑处理。平滑处理通常使用一个对称的窗口，如超立方体或三角窗口，对归一化的直方图进行平滑。举个例子，如图 2-9 所示类别"×"的样本数据的直方图及基于三点三角窗口平滑结果（如图 2-10 所示）。

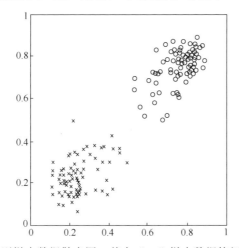

图 2-9　类别样本数据散点图，其中"×"样本数据特征记为特征 2

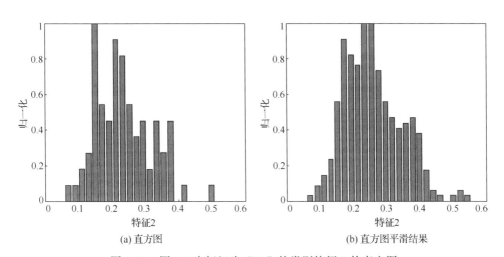

(a) 直方图　　　　　　　　　　　　　　　　(b) 直方图平滑结果

图 2-10　图 2-9 中标记为"×"的类别特征 2 的直方图

接下来为演示该多项式拟合过程，可以采用高斯函数作为合适的参数化函数对区间二型模糊隶属函数建模。

高斯函数建模：

$$G(\boldsymbol{x}) = a\exp\left(-\frac{1}{2}(\boldsymbol{x}-\boldsymbol{\mu})^{\mathrm{T}}\boldsymbol{\Sigma}^{-1}(\boldsymbol{x}-\boldsymbol{\mu})\right) \tag{2-31}$$

其中，a 为高斯高度，$\boldsymbol{\mu}$ 为均值向量，$\boldsymbol{\Sigma}$ 为协方差矩阵。如果直方图有 N 个重要的峰值，则可以用高斯函数的和对其建模：

$$\tilde{G}(\boldsymbol{x}) = \sum_{i=1}^{N} G_i(\boldsymbol{x}) \tag{2-32}$$

为得到光滑直方图的近似高斯函数，可以通过下面公式实现目标函数最小化。

$$J(\boldsymbol{p}) = \frac{1}{2}\left(\sum_{i=1}^{N} G_i(\boldsymbol{x}) - H(\boldsymbol{x})\right)^2 \tag{2-33}$$

其中，$\boldsymbol{p}_i = (a_i, \boldsymbol{\mu}_i, \boldsymbol{\Sigma}_i)$ 为第 i 个高斯函数 $G_i(\boldsymbol{x})$ 的参数向量，$H(\boldsymbol{x})$ 为输入数据的平滑直方图。梯度下降法可以用来估计参数向量 $\boldsymbol{p}_i$，通过对式（2-33）的最小化得到其更新值：

$$\boldsymbol{p}_i^{\mathrm{new}} = \boldsymbol{p}_i^{\mathrm{old}} - \rho\frac{\partial J}{\partial \boldsymbol{p}_i} \tag{2-34}$$

其中，ρ 为一个正的学习常量。对于高斯函数，与每个参数向量 $\boldsymbol{p}_i$ 相对应的 J 的偏微分如下：

$$\frac{\partial J}{\partial a_i} = \left(\sum_{j=1}^{N} G_j(\boldsymbol{x}) - H(\boldsymbol{x})\right)\cdot\exp\left(-\frac{1}{2}(\boldsymbol{x}-\boldsymbol{\mu}_i)^{\mathrm{T}}\boldsymbol{\Sigma}^{-1}(\boldsymbol{x}-\boldsymbol{\mu}_i)\right) \tag{2-35}$$

$$\frac{\partial J}{\partial \boldsymbol{\mu}_i} = \frac{1}{2}\left(\sum_{j=1}^{N} G_j(\boldsymbol{x}) - H(\boldsymbol{x})\right)\cdot G_i(\boldsymbol{x})\cdot(\boldsymbol{x}-\boldsymbol{\mu}_i)^{\mathrm{T}}\cdot(\boldsymbol{\Sigma}_i^{-1}+\boldsymbol{\Sigma}_i^{-\mathrm{T}}) \tag{2-36}$$

$$\frac{\partial J}{\partial \boldsymbol{\Sigma}_i} = \frac{1}{2}\left(\sum_{j=1}^{N} G_j(\boldsymbol{x}) - H(\boldsymbol{x})\right)\cdot G_i(\boldsymbol{x})\cdot(\boldsymbol{\Sigma}_i^{-\mathrm{T}}(\boldsymbol{x}-\boldsymbol{\mu}_i)\cdot(\boldsymbol{x}-\boldsymbol{\mu}_i)^{\mathrm{T}}\boldsymbol{\Sigma}_i^{-\mathrm{T}}) \tag{2-37}$$

由于局部极值问题，对于梯度下降法，对参数的初始值选择至关重要。这里利用启发式方法获取初始参数的步骤如下：

（1）生成样本数据的直方图并做平滑处理；

（2）采用最小均方近似，拟合最低可能隶属度（避免过拟合）的一多项式函数，以确保对每个光滑直方图的拟合具有一个合理的小误差；

（3）计算步骤（2）得到的多项式函数的极值（极大值和极小值），通过正值最大值的数目确定高斯数，忽略那些小的峰值点；

（4）利用极值初始化高斯的高度，并以这些局部极值初始化高斯的均值。以高斯均值之间的距离的最小值初始化每个高斯之间的标准偏差和多项式函数的最近极小值或均方根。

特征直方图拟合结果如图 2-11 所示，生成的区间二型模糊隶属函数结果如图 2-12 所示。

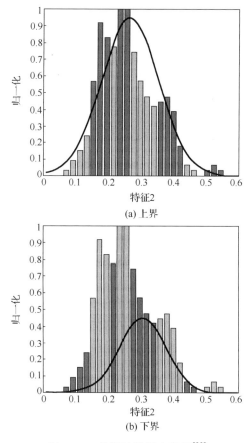

图 2-11　高斯函数拟合结果[23]

接下来再次通过拟合多项式函数平滑那些在先前拟合得到的多项式函数的上面或下面的直方图值得到区间二型模糊隶属函数的上界和下界。最后利用下面讨论的高斯函数设计上界函数和下界隶属函数。其中上界可以通过归一化高斯高度得到，而下界隶属函数的高度与上界成比例缩放。

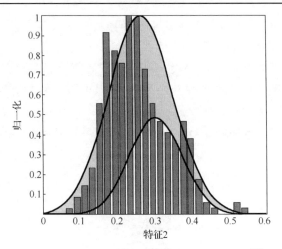

图 2-12　生成的区间二型模糊隶属函数结果[23]

算法步骤：

（1）为每个已知类别样本数据构建直方图并做平滑处理；

（2）执行多项式拟合以获得平滑直方图参数的近似值（入高斯数、高度和局部极值等）；

（3）利用步骤（2）得到的值对直方图进行高斯拟合；

（4）对步骤（3）相关的直方图上界和下界值执行高斯函数拟合；

（5）通过归一化上界高斯函数高度确定区间上界隶属函数，通过对步骤（4）得到的高斯函数的下界比例缩放得到下界隶属函数。

对于高维输入数据而言，由于高维直方图的光滑和拟合处理使得以上方法的计算负荷可能变得过高，可以通过找到每个已知类别和特征的一维上界和下界隶属函数作为替代方法。接下来通过对从所有特征得到的所有有的上界和下界隶属函数作交叉运算获得整体上界和下界隶属函数，如果采用极大值操作作为交叉算子，则 FOU 可以表示为：

$$[f^L(\boldsymbol{x}), f^U(\boldsymbol{x})] = [\min_i\{f_i^L(\boldsymbol{x}_i)\}, \min_i\{f_i^U(\boldsymbol{x}_i)\}] \quad (2\text{-}38)$$

其中，f^L 为下界隶属函数，f^U 为上界隶属函数，i 为特征编号。

3. 基于区间二型模糊 C 均值（IT2-FCM）的方法

在 IT2-FCM 算法中采用区间二型模糊隶属函数的求导公式。模糊 C 均值算法（步骤见算法 4-1）的本质是把由 n 个模式组成的模式集 $\boldsymbol{X} = \{x_1, x_2, \cdots, x_n\}$ 划分生成 $c \times n$ 的隶属度矩阵，最终依据最大隶属度或最贴近中心法则得到清晰化输出，详细步骤见本书算法 8-1。而根据区间二型模糊集的定义，样本空间 $\boldsymbol{X} = \{x_1, x_2, \cdots, x_n\}$，$x_j = (x_{j1}, x_{j2}, \cdots, x_{jm})$ 的一个区间二型模糊集可以由 n 个区间表示，因此我们可以通过设置 2 个模糊指数（模糊化参数）m_1, m_2，$m_1 < m_2$ 分别进行模糊 C 均值聚类方法得到区间模糊划分矩阵 U（$c \times n$）来构造区间二型模糊集，其定义如下：

$$U = [\tilde{u}_{ij}] = [\underline{U}; \overline{U}], \quad \tilde{u}_{ij} = [\underline{u}_{ij}, \overline{u}_{ij}] \tag{2-39}$$

$$\underline{U} = \begin{pmatrix} \underline{u}_{11} & \underline{u}_{12} & \cdots & \underline{u}_{1n} \\ \underline{u}_{21} & \underline{u}_{22} & \cdots & \underline{u}_{2n} \\ \vdots & \vdots & & \vdots \\ \underline{u}_{c1} & \underline{u}_{c2} & \cdots & \underline{u}_{cn} \end{pmatrix}, \text{ 对应模糊指数 } m_1 \tag{2-40}$$

$$\overline{U} = \begin{pmatrix} \overline{u}_{11} & \overline{u}_{12} & \cdots & \overline{u}_{1n} \\ \overline{u}_{21} & \overline{u}_{22} & \cdots & \overline{u}_{2n} \\ \vdots & \vdots & & \vdots \\ \overline{u}_{c1} & \overline{u}_{c2} & \cdots & \overline{u}_{cn} \end{pmatrix}, \text{ 对应模糊指数 } m_2 \tag{2-41}$$

则称 U 为 X 的区间 c-模糊划分矩阵，形式如同一型模糊划分矩阵（见式（4-1））。

$\tilde{u}_{ij} = [\underline{u}_{ij}, \overline{u}_{ij}]$ 定义了样本 x_j 对中心 v_i 的隶属度区间，则 U 定义了一个区间二型模糊集，可以由两个模糊划分函数 f_1, f_2 得到：

$$U_1 = f_1(X, V) \tag{2-42}$$

$$U_2 = f_2(X, V) \tag{2-43}$$

$$\underline{U} = \min(U_1, U_2), \quad \min() \text{为求极小值的函数} \tag{2-44}$$

$$\underline{U} = \max(U_1, U_2), \quad \max() \text{为求极大值的函数} \tag{2-45}$$

2.3.6 二型模糊集的距离度量

同一型模糊集一样，距离度量[24,25]和相似性度量[26]概念是衡量二型模糊集相似或相离程度的关键，容易看出距离度量和相似性度量是两个双重概念，若设 2 个二型模糊集 $\tilde{A}, \tilde{B}$，则两者的归一化距离 $\tilde{D}(\tilde{A}, \tilde{B})$ 和相似性度量 $\tilde{S}(\tilde{A}, \tilde{B})$ 满足关系：$\tilde{D}(\tilde{A}, \tilde{B}) = 1 - \tilde{S}(\tilde{A}, \tilde{B})$。

二型模糊集的距离概念依旧是个开问题[27,28]，需要根据具体处理对象定义合适的距离[29]，同样要满足距离的自反性、对称性、三角不等式和交叠性性质。不过此相关内容不是本书的研究重点，本书根据模糊距离度量需求采取的是成熟的距离定义，如马氏距离[30]、标准的欧氏距离等[31]，并在第 4 章就不同的距离定义对聚类结果的影响作了详细讨论和仿真实验，此处只给出一个典型的距离和相似性度量的定义。

1. 距离度量

二型模糊集距离的定义可以由一型模糊距离扩展而来，例如，文献[32]给出了两个二型模糊集距离的定义如下。

定义 2-4　设论域 $X = \{x_1, x_2, \cdots, x_n\}$ 为一个离散有限集，$\tilde{A}, \tilde{B}$ 为定义于 X 上的两个二型模糊集，隶属度函数分别为 $\mu_{\tilde{A}}(x), \mu_{\tilde{B}}(x), x \in X$，则 $\tilde{A}, \tilde{B}$ 间的距离如下：

$$\tilde{D}(\tilde{A}, \tilde{B}) = \sum_{i=1}^{n} H_f(\mu_{\tilde{A}}(x_i), \mu_{\tilde{B}}(x_i)) \qquad (2\text{-}46)$$

其中，$H_f(\mu_{\tilde{A}}(x_i), \mu_{\tilde{B}}(x_i))$ 为 $\mu_{\tilde{A}}(x_i)$ 和 $\mu_{\tilde{B}}(x_i)$ 之间的模糊 Hausdorff 距离。因为 $\mu_{\tilde{A}}(x_i)$ 和 $\mu_{\tilde{B}}(x_i)$ 均为定义在区间 $[0,1]$ 上的一型模糊集，则有：

$$0 \leqslant H_f(\mu_{\tilde{A}}(x_i), \mu_{\tilde{B}}(x_i)) \leqslant 1, \quad \forall i \qquad (2\text{-}47)$$

从而，$0 \leqslant \tilde{D}(\tilde{A}, \tilde{B}) \leqslant n$。

从上述定义可以发现，当 $\tilde{A}, \tilde{B}$ 退化为一型模糊集时，该距离定义就成为了海明（Hamming）距离：

$$\tilde{D}(\tilde{A}, \tilde{B}) = D_H(A, B) = \sum_{i=1}^{n} \left| \mu_{\tilde{A}}(x_i), \mu_{\tilde{B}}(x_i) \right| \qquad (2\text{-}48)$$

2. 相似性度量

与距离度量概念相关，相似度量概念[32,33]表明了两个模糊集之间的相似性，可以定义如下[32]。

定义 2-5　二型模糊集相似度量概念：

$$\tilde{S}(\tilde{A}, \tilde{B}) = \frac{\displaystyle\int_X \min(\overline{\mu}_{\tilde{A}}(x), \overline{\mu}_{\tilde{B}}(x))\mathrm{d}x + \int_X \min(\underline{\mu}_{\tilde{A}}(x), \underline{\mu}_{\tilde{B}}(x))\mathrm{d}x}{\displaystyle\int_X \max(\overline{\mu}_{\tilde{A}}(x), \overline{\mu}_{\tilde{B}}(x))\mathrm{d}x + \int_X \max(\underline{\mu}_{\tilde{A}}(x), \underline{\mu}_{\tilde{B}}(x))\mathrm{d}x} \qquad (2\text{-}49)$$

该定义满足自反性、对称性、三角不等式和交叠性。

综上，二型模糊集适于刻画遥感影像数据存在固有的高阶模糊不确定性，即数据本身是不确定的，不同类别个体间这种不确定性又是变化的。接下来介绍基于模糊集的逻辑系统，重点是基于二型模糊集构建的逻辑系统，即二型模糊逻辑系统（Type 2 Fuzzy logical system，T2-FLS）。

2.4　二型模糊逻辑系统

只要在模糊规则前件或后件隶属函数中包含 T2-FS，相应的模糊系统即称为二型模糊系统（T2-FLS）[34]。一般二型模糊系统方案如图 2-13 所示，其处理过程与一型模糊系统类似，两者主要的不同在于去模糊化阶段。

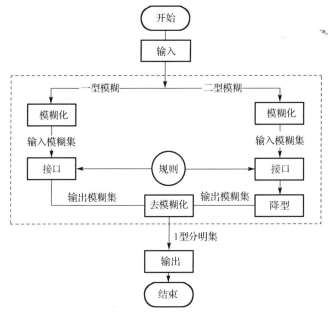

图 2-13　一型和二型模糊逻辑系统

为满足遥感影像土地覆盖分类的应用需求，本书讨论的是一个多输入单输出模糊逻辑系统，即该系统有 p 个输入，$x_1 \in X_1, \cdots, x_p \in X_p$ 和一个输出 $y \in Y$，y 的值是多少不重要，重要的是每个类别的输出是唯一的，且不同于其他类别的输出。其结构如图 2-14 所示，从中可以看出要得到明确输出，其关键步骤在于降型和去模糊化。

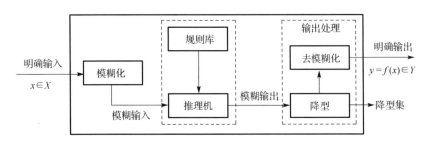

图 2-14　二型模糊逻辑系统结构图

2.4.1　二型模糊降型

从图 2-13 中可以看出，T2-FLS 与 T1-FLS 的区别在于在输出处理中增加了降型（type-reduction，TR）部分。T2-FLS 中的模糊推理输出为 T2-FS，要把它转换成我们一般意义上的确定输出，在精确化之前必须先降型[35,36]。作为二型模糊计算和推理不可拆分的一部分，降型方法在各种模糊学科，如模糊逻辑系统和模糊聚类中起到非常重要的作用，其重要性在于它们是收集数据的整个内在模糊性的主要工具[18]。降型实际上是一型系统中精确化运算的扩展，但通常比精确化的计算复杂性和计算量都要大很多[33,34]，它是二型模糊系统方法的特点和难点。自 1975年 Zadeh 提出二型模糊逻辑以来，降型就一直是一个学者感兴趣的研究主题[34-42]。从图 2-15 可以看到，二型模糊逻辑可分为 14 组，其中 4 类可以列为降型方法，包括精确方法、不确定性边界方法、近似推理和几何方法。这些方法的算法数目（原创的、增强型的和比较型的）比例如图 2-16 所示，可见近似推理算法最多。而这些已有的降型算法中，37.5%是为一般二型设计[39]的，剩下的则为区间二型而设计[18,38,43]。一般二型模糊降型方法包括交互降型方法、几何降型策略和不确定边界等。不过本书重点应用了区间二型模糊集，因此本节接下来主要讨论区间二型模糊降型方法。

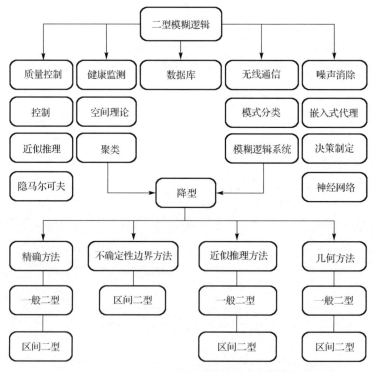

图 2-15　二型模糊逻辑结构的降型研究[18]

针对区间二型模糊集，三种常用的模糊降型算法，分别为重心法、顶点法和集合中心法，以及这三种方法在区间二型模糊系统中的应用，其他如改进顶点法、集合中心法等。

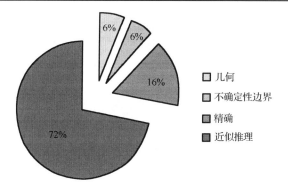

图 2-16　各类降型方法研究比例[18]

重（质）心法：在一型模糊系统的解模糊中，重心法首先求出所有规则的输出一型模糊集的并，再找出这个并集的重心。二型模糊系统的重心降型法是找出所有规则的输出二型模糊集的并的重心。

顶点法：在一型模糊系统中，顶点法首先用每条规则的输出集合中隶属度最大的点代替该规则的输出集合，再求出所有这些点组成的集合的集合重心作为系统的输出。二型模糊系统的顶点降型法是顶点法解模糊的扩展。

集合中心法：一型模糊系统的集合中心解模糊法就是从每条规则的输出模糊集合中找出该集合的重心，再计算所有这些重心点所组成的集合的重心作为系统的输出。二型模糊系统的集合中心降型法是用每个规则的输出集合的重心（如果输出集合是二型模糊集，则该重心为一个一型模糊集）来代替该输出集合，并取这些重心集合的加权平均作为系统的输出。权重值由每个规则的激活程度来确定。

应用中最受欢迎的是求质心的降型方法，其中 KM 算法是一个有效的算法，成功地用来实现区间二型模糊集的降型[11,44]，其改进版本 EKM 算法将在本书第 8 章进行介绍。对一般二型的质心降型关键思想如图 2-17 所示。

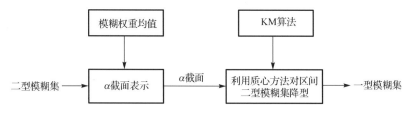

图 2-17　基于求质心方法的一般二型模糊集降型思路图

图 2-17 中一个一般二型模糊集基于一个新的 α 截面表示分解成若干 α 截面，图中左侧的虚线箭头表示 α 截面思想是从模糊权重均值推导出来，利用对每一个 α 截面独立求质心的方法获得各自的隶属度区间（图中右侧的虚线箭头指的是通过 KM 算法完成降型）。所有这些区间最后组成一型模糊集，即降型结果。

　　最近，Wu 和 Tan[45]提出了两种通过寻找等价一型模糊集的高效降型策略，其关键思想是将二型模糊集视为其多个代表一型模糊集的组合，因此降型就简化为找到对应着某一特定输入的等价一型模糊集，即利用等价一型模糊集的集合代替二型模糊集，使得降型简化为如何选取等价一型模糊集，如图 2-18 所示。Greenfield 等[46]则提出了一种通过计算二型模糊集的内嵌样本集来实现降型的方法，不过这种方法的理论依据还在论证中，其思想是将二型模糊系统看成是许多内嵌一型模糊系统的集合，如图 2-19 所示，降型结果集合 Y 即为所有相应内嵌一型集合输出结果的组合，其隶属函数表达了每个相应内嵌一型模糊系统的不确定程度。最新的区间二型降型算法是基于 α – 截集的方法，该方法中，每个区间二型模糊集被分解成若干 α – 截集，接着聚合这些 α – 截集的中心以找到区间二型模糊集最终的去模糊化值，尽管该方法看似速度快但在计算精度和准确度方面没有足够的竞争力。也有文献讨论降型并不一定是必需的[15]，不管如何，对于遥感影像土地覆盖分类而言，我们希望系统最后的输出是明确的。

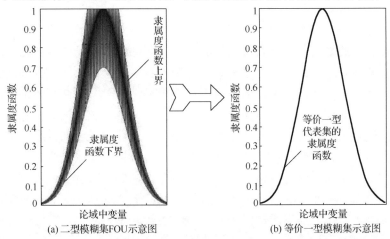

(a) 二型模糊集FOU示意图　　　　　　　　　　(b) 等价一型模糊集示意图

图 2-18　等价一型模糊集与原二型模糊集的关系示意图

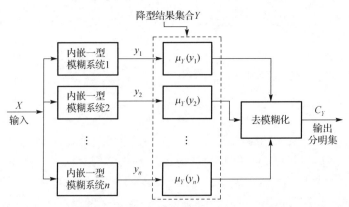

图 2-19　二型模糊系统可以理解成大量内嵌一型模糊系统的组合（假定隶属函数定义域是离散的）

本书将借鉴寻找等价一型模糊集的降型策略来实现面向遥感影像土地覆盖分类的区间二型模糊集的降型，详见第 8 章。

2.4.2　去模糊化

去模糊化也是模糊系统应用到具体生产实际中的关键环节。利用模糊集以及相应理论对现实世界中的模糊现象进行刻画、建模、计算和分析，得到的结论当然也是由模糊集描述的模糊结论。然而，在各种实际应用中却往往需要对模糊现象做出明确的判断，也就是说，需要将模糊结果转换成清晰的结果，如遥感影像的分类结果中每个像元都有一个明确的类别标签。通常，将模糊结果转换为清晰结果的过程称为清晰化或去模糊化，其基本思想和降型是一样的。模糊集合清晰化的方式主要分为两类：将模糊集合转换为经典集合（如通过求模糊集合的截集），以及将模糊集合转换为与之对应的单一数值（如最大隶属度方法和质心法）。模糊集的单值化是用一个数值来代表整个模糊集，也是常用的二型模糊集降型方法，选取的代表点通常应该遵循三个基本原则：

（1）代表性——能比较合理地体现模糊集的整体信息或主要信息；

（2）连续性——模糊集隶属函数的微小变化不致引起它的大幅度变动；

（3）方便性——易于工程应用中的实时计算。

最大隶属度方法强调的是突出模糊集的主要信息，直观合理，但比较粗糙，次要信息丢失的很多；质心方法强调的是反映模糊集的整体信息，物理意义和几何意义明确，但有时过多的次要信息参与会导致单值化结果的失真。两类模糊集单值化方法的性能各有特点，实际应用中究竟采用哪一种方法更合适不能一概而论，应该视具体情况而定。根据遥感影像数据不确定性特点，即同类地物在影像上的灰度呈集群分布，也就是灰度变化在一个较集中的范围，因此质心更符合要求，但考虑到分类效率，我们通常采用最大隶属度方法。

2.5　本　章　小　结

本章较为全面地阐述了模糊系统理论基础。模糊集的提出旨在描述观测样本间若即若离的模糊关系，即在分类时允许类别重叠，隶属度函数可变时即为二型模糊集。通过对影像模式集设计恰当的二型模糊集则可以描述和控制类间混叠的模糊不确定性。但二型模糊理论体系并不完善，在系统设计方面还未形成一套完整的流程，导致其在实际工程应用方面存在一定的问题，例如，算法复杂度、模型的建立、规则的优化、隶属函数的选取等。结合遥感影像土地覆盖分类具体应用，需要解决两个难点：二型模糊集的构建和降型，第 8 章和第 9 章将对此进行更深入的探讨和研究。

第 3 章　区间值数据建模理论

3.1　概　　述

在现实生活中，存在着很多依靠心理测量的决策问题，这些问题集中反映在这样一类估计——要对某事物从某种角度去估计或评价它对某项目标或要求的满足程度，如人们常用的"可能度"、"重要程度"……实际上，综合决策中因素的权重分配和单因素的评价均属于这类问题，因此，它们的定量化就是该模型的关键。

区间值数据是一种可反映观测数据的可变性和不确定性的符号数据[47]，对其的研究始于对区间二型模糊集的讨论，现对其研究主要集中在符号数据分析（symbolic data analysis，SDA）研究领域，在这里对象通常由一组个体样本组合而成，如表 3-1 所示为几组区间值数据，描述了医生对某个病人一天 4 个时间的脉动率、收缩压、扩张压和体温的测量值范围（区间）。我们也可以在观测（测量）数据集的基础上构建区间值数据，这正是本书面向遥感影像土地覆盖分类的特征区间建模的理论依据，如图 3-1 所示，左图显示了对不同地区不同季节室外平均风速的测量值统计图，右图则描述了各个地区室外平均风速的变化区间，我们可以基于该区间值数据进行风速的等级划分等分析。由此可见，区间值数据既是一种客观存在的符号数据，也可以用来刻画一种不确定和多解的模糊现象，这正是本书的核心思想之一。

表 3-1　区间值数据示例

	脉率	收缩压	扩张压	体温
1	[62 71]	[90, 130]	[70, 90]	[36.8 36.9]
2	[70, 112]	[112, 142]	[80, 108]	[36.6 36.9]
3	[70, 100]	[126, 160]	[80, 109]	[37.2 38.2]
4	[44, 68]	[92, 103]	[50, 73]	[36.8 37.0]

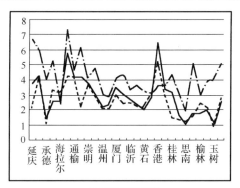

(a) 观测数据序列

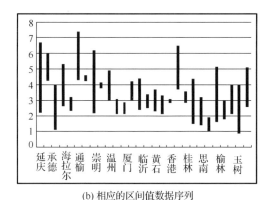

(b) 相应的区间值数据序列

图 3-1　区间值数据建模示例

3.2　区间值数据定义

从上节例子分析可知，区间值数据指取值为某个范围的数据，定义如下[48]：

定义 3-1　区间值数据定义令：

$$I(R^+) = \{a \mid a = [a^-, a^+] \subset R^+\} \tag{3-1}$$

则对于 $I(R^+)$ 中的元素 $a = \lfloor a^-, a^+ \rfloor$ 即为区间数据，若 $0 < a^- \le a^+ < \infty^+$，则称 a 为正有界闭区间数。进而有 $d = a^+ - a^-$ 表示区间的宽度，$\mathrm{med} = (a^+ + a^-)/2$ 表示区间的中值，d 和 med 为区间值数据的两个重要特征值。

定义 3-2[48]　区间值数据运算定义设 $[a,b]$ 和 $[c,d]$ 为正闭区间数，$k > 0$，则有：

$$[a,b] + [c,d] = [a+c, b+d] \quad [a,b] \cdot [c,d] = [a \cdot c, b \cdot d]$$

$$[a,b] \div [c,d] = [a/d, b/c] \quad k \cdot [a,b] = [ka, kb]$$

取小运算：$[a,b] \wedge [c,d] = (\min(a,c), \min(b,d))$

取大运算：$[a,b] \vee [c,d] = (\max(a,c), \max(b,d))$　　　　（3-2）

3.3　区间值数据建模

从上节的讨论可知，区间值数据可以很好地刻画观测数据属性的模糊不确定性，因此我们也可以在多次观测数据基础上，利用数据属性的统计特征构建区间值数据模型，Liem 等 2002 年提出了 4 种建模方法，其定义如下[49]。

定义 3-3　区间数据构建模型：设 $A_j = (a_j^1, a_j^2, \cdots, a_j^i)$ 为重复观测数值的第 j 个属性，mean_j 为 A_j 的均值，δ 为标准方差。设 $\min_i, \max_i, \min_j, \max_j$ 分别为 A_j 的最小值，最大值，第二最小值和第二最大值。从而可以得到 4 种从重复观测值构建区间数据模型的方法，分别为：

（1）最小最大值模型：$A_j = [\min_j, \max_j]$。

（2）次最小值最大值模型：$A_j = [\min_j', \max_j']$。

（3）均值方差模型 1：$A_j = [\mathrm{mean}_j - \delta, \mathrm{mean}_j + \delta]$。

（4）均值方差模型 2：$A_j = [\mathrm{mean}_j - 2 \times \delta, \mathrm{mean}_j + 2 \times \delta]$

3.4　区间值数据集的相异度量

我们熟知的单值数据分析方法不再适于处理区间值数据，也不可以将此类数据转换成单值数据，需研究合适的区间值数据处理分析理论方法[50,51]。关于区间值数据距离的定义是一个开问题，也是近年来的一个研究热点[52-59]。只要满足距离定义的如下性质，我们可以根据特定需求设计合适的距离度量。

给定数据集 $X = \{x_1, x_2, \cdots, x_n\}$，则定义在该数据集上的距离一般有如下性质：

（1）非负性：$d(x_i, x_j) \to \Re \geqslant 0$ 对于所有的 $x_i, i = 1, \cdots, n$，$d(x_i, x_i) = 0$。

（2）对称性：$d(x_i, x_j) = d(x_j, x_i)$，$i, j = 1, \cdots, n$。

（3）三角不等式：$d(x_i, x_j) \leqslant d(x_i, x_k) + d(x_k, x_j)$，$i, j, k = 1, \cdots, n$。

例如，两个区间数 $A(a_1, a_2)$ 和 $B(b_1, b_2)$ 之间的距离可以定义为[53]：

$$
\begin{aligned}
D^2(A,B) &= \int_{-1/2}^{1/2} \int_{-1/2}^{1/2} \times \left\{ \left[\left(\frac{a_1 + a_2}{2} \right) + x(a_2 - a_1) \right] - \left[\left(\frac{b_1 + b_2}{2} \right) + y(b_2 - b_1) \right] \right\}^2 \mathrm{d}x\mathrm{d}y \\
&= \left[\left(\frac{a_1 + a_2}{2} \right) - \left(\frac{b_1 + b_2}{2} \right) \right]^2 + \frac{1}{3} \left[\left(\frac{a_2 - a_1}{2} \right)^2 + \left(\frac{b_2 - b_1}{2} \right)^2 \right]
\end{aligned}
$$

（3-3）

本书将主要研究面向遥感影像数据的区间值数据建模基础上的模糊划分，所以距离的合理定义相应地成为准确类别划分的关键前提，因此这里从聚类划分的角度给出区间值向量的各种相异或相似距离度量方法。

3.4.1　区间值向量距离度量

通常可以把单值向量的距离定义推广到区间值数据向量空间。接下来先给出一种单值向量距离定义，接着介绍几种应用较广的区间向量距离定义。

定义 3-4　明氏距离[50]设 $\boldsymbol{a}=(a_1,a_2,\cdots,a_p);\boldsymbol{b}=(b_1,b_2,\cdots,b_p)$ ，则 $d_q(\boldsymbol{a},\boldsymbol{b})$ 定义：

$$d_q(\boldsymbol{a},\boldsymbol{b})=\left(\sum_{j=1}^p (\phi(a_j,b_j))^q\right)^{\frac{1}{q}},\quad q\geqslant 1 \tag{3-4}$$

$$\varphi(a_j,b_j)=\left|a_j\oplus b_j\right|-\left|a_j\otimes b_j\right|+\lambda(2\left|a_j\otimes b_j\right|-\left|a_j\right|-\left|b_j\right|)$$

其中，$a_j\oplus b_j$ 和 $a_j\otimes b_j$ 分别为笛卡儿并、交运算，其在欧氏平面的示意图如图 3-2 所示。

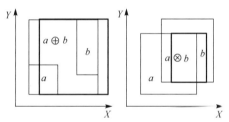

图 3-2　欧氏平面的笛卡儿并、交运算示意图

当 $q=1$ 定义即为绝对值距离，$q=2$ 即为欧氏距离[52]，在此不再赘述。推广到区间值向量：

假定 2 个 q 维区间值向量组 $\tilde{\boldsymbol{X}}=(\tilde{\boldsymbol{x}}_1,\tilde{\boldsymbol{x}}_2,\cdots,\tilde{\boldsymbol{x}}_n)^{\mathrm{T}}$ 和 $\tilde{\boldsymbol{Y}}=(\tilde{\boldsymbol{y}}_1,\tilde{\boldsymbol{y}}_2,\cdots,\tilde{\boldsymbol{y}}_m)^{\mathrm{T}}$ ，其中 $\tilde{\boldsymbol{x}}_i=(x_{i1},\cdots,x_{iq})=[x_{iL},x_{iR}]$ ，$x_{ik}=[a_{ik},b_{ik}],i=1,\cdots,n,k=1,\cdots,q$ ；$\boldsymbol{x}_{iL}=(\mathrm{a}_i^1,\cdots,\mathrm{a}_i^q)^{\mathrm{T}},\boldsymbol{x}_{iR}=(\mathrm{b}_i^1,\cdots,\mathrm{b}_i^q)^{\mathrm{T}}$ ；$\tilde{\boldsymbol{y}}_j=(y_{j1},\cdots,y_{jq})=[\boldsymbol{y}_{jL},\boldsymbol{y}_{jR}],y_{jk}=[\alpha_{jk},\beta_{jk}],j=1,\cdots,m,k=1,\cdots,q$ ；$\boldsymbol{y}_{jL}=(\alpha_j^1,\cdots,\alpha_j^q)^{\mathrm{T}}$ ，$\boldsymbol{y}_{jR}=(\beta_j^1,\cdots,\beta_j^q)^{\mathrm{T}}$ ，则 $\tilde{\boldsymbol{x}}_i$ 和 $\tilde{\boldsymbol{y}}_j$ 的距离可定义如下。

1.　一般区间值向量距离度量

定义 3-5　一般区间值向量距离定义（即在聚类过程中距离定义不变且对于每个聚类相等）：

$$d(\tilde{\boldsymbol{x}}_i,\tilde{\boldsymbol{y}}_j)=\sum_{k=1}^q d_j(x_{ik},y_{jk}) \tag{3-5}$$

其中，$d_j(x_{ik}, y_{jk})$ 可以有如下定义。

定义 3-6　区间值数据的欧氏距离定义：

$$d_j(x_{ik}, y_{jk}) = \sqrt{(a_{ik} - \alpha_{jk})^2 + (b_{ik} - \beta_{jk})^2} \tag{3-6}$$

定义 3-7　区间值数据的绝对值距离（出租车距离）[53]定义：

$$d_j(x_{ik}, y_{jk}) = |a_{ik} - \alpha_{jk}| + |b_{ik} - \beta_{jk}| \tag{3-7}$$

定义 3-8　区间值数据的 Hausdorff 距离定义[54-56]：

$$d_j(x_{ik}, y_{jk}) = \max(|a_{ik} - \alpha_{jk}|, |b_{ik} - \beta_{jk}|) \tag{3-8}$$

定义 3-9　基于区间值数据中点、半宽度的距离度量[58,59]定义：

设 $w_{xik} = \dfrac{b_{ik} - a_{ik}}{2}$，$m_{xik} = \dfrac{b_{ik} + a_{ik}}{2}$ 分别表示区间 x_{ik} 的半宽度和中点，$w_{yjk} = \dfrac{\beta_{jk} - \alpha_{jk}}{2}$，$m_{yjk} = \dfrac{\beta_{jk} + \alpha_{jk}}{2}$ 分别表示区间 y_{jk} 的半宽度和中点，则基于区间值数据中点、半宽度的距离定义如下：

$$d_j(x_{ik}, y_{jk}) = \sqrt{(m_{xik} - m_{yjk})^2 + \theta(w_{xik} - w_{yjk})^2} \tag{3-9}$$

其中，$\theta \geqslant 0$ 为区间半宽度的影响因子，可视具体情况取相应的值，θ 通常取值为 1。我们将在第 3 章讨论区间宽度的自适应伸缩，从而实现遥感影像自适应模糊聚类。

定义 3-10　区间值数据的 Wasserstein 距离[49]定义：

$$d_j(x_{ik}, y_{jk}) = \sqrt{(m_{xik} - m_{yjk})^2 + \frac{1}{3}(w_{xik} - w_{yjk})^2} \tag{3-10}$$

其中各符号的含义同式（2-8），也即该定义为定义 3-8 的一个特例。

定义 3-11　归一化距离 $d_{jg}(\tilde{x}_i, \tilde{y}_j)$ 定义：

$$d_{jg}(x_{ik}, y_{jk}) = \frac{d_j(x_{ik}, y_{jk})}{\displaystyle\sum_{j=1}^{q} d_j(x_{ik}, y_{jk})} \tag{3-11}$$

2. 区间值向量的马氏距离度量

定义 3-12　区间值向量的马氏距离[60-64] $D(\tilde{x}_i, \tilde{y}_j)$ 定义：

$$D(\tilde{x}_i, \tilde{y}_j) = d(x_{iL}, y_{jL}) + d(x_{iR}, y_{jR}) \tag{3-12}$$

向量 x_{iL} 与 y_{jL} 间的马氏距离为：

$$d(x_{iL}, y_{jL}) = (x_{iL} - y_{jL})^{\mathrm{T}} M_L (x_{iL} - y_{jL})$$

向量 $\boldsymbol{x}_{iR}$ 与 $\boldsymbol{y}_{jR}$ 间的马氏距离为:

$$d(x_{iR}, y_{jR}) = (x_{iR} - y_{jR})^{\mathrm{T}} \boldsymbol{M}_R (x_{iR} - y_{jR})$$

其中 $\boldsymbol{M} = [\boldsymbol{M}_L, \boldsymbol{M}_R]$ 为参数化权重矩阵, 常常用 $\tilde{x}_i, \tilde{y}_j$ 的协方差矩阵的逆来表示。

3. 自适应区间向量距离度量

定义 3-13 自适应区间值向量距离 $d_\lambda(\tilde{\boldsymbol{x}}_i, \tilde{\boldsymbol{y}}_j)$ 定义:

$$d_\lambda(\tilde{\boldsymbol{x}}_i, \tilde{\boldsymbol{y}}_j) = \sum_{k=1}^{q} \lambda_k d_j(x_{ik}, y_{jk}) \tag{3-13}$$

其中 $\boldsymbol{\lambda} = (\lambda_1, \cdots, \lambda_q)$ 为权重矢量, 每次迭代都更新。不过 $\boldsymbol{\lambda}$ 的更新复杂度高, 并不适合像遥感影像这样的海量数据处理。

从上述各定义可知, 定义 3-5 和定义 3-6 均为明氏距离, 由定义 3-5 可知, 明氏距离没有考虑变量间的相关性, 因此这种距离更适合各变量之间互不相关 (各向同性) 的情形。然而遥感影像数据点具有多波段性特点, 即同一样本点在不同维度上的距离值往往是不同的, 即各向异性, 如图 3-2 所示, 所以我们需要寻求更合适的距离度量。马氏距离可以看作欧氏距离的一种推广, 其通过协方差矩阵来计算, 可以实现样本间各向异性的距离度量, 因此在多光谱影像土地覆盖分类中得到了更为广泛的应用, 但也有可能是一些较小的奇异的特征影响到特征差异的计算, 从而影响到最终的分类结果。而 Hausdorff 距离是两个点集之间距离的一种定义形式, 能实现区间值数据间距离度量的最大化, 因此 Hausdorff 距离同为模式识别中常用的距离度量, 也是本书距离度量定义的主要基础。

更多的区间值向量距离定义, 请参阅文献[60]～[63], 这里不再赘述, 需要详细了解的读者请前往阅读相关内容。

3.4.2 其他的区间值数据关系度量概念

设一区间数 $\tilde{x} = [x^-, x^+] \in I(R)$, d 和 med 分别为该区间值数据的区间宽度 (大小) 和中值 (其定义见 3.2 节)。将 med 和 d 分别作为高斯分布函数的期望和方差来生成一个高斯分布函数 $\varphi_x(z)$, 则 $\varphi_x(z)$ 满足:

$$\mu = E(\varphi_x(z)) = \text{med}, \quad \sigma = D(\varphi_x(z)) = \frac{1}{\sqrt{2\pi}\left(1 - \dfrac{\text{med}}{2}\right)} \tag{3-14}$$

随着 med 增大, σ 也增大, 对于有相同区间中值不同区间大小的区间值数据, 对应的高斯分布函数示意图如图 3-3 所示。

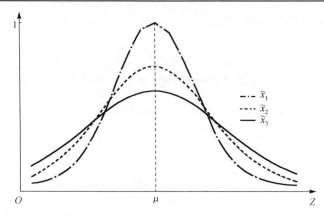

图 3-3　中值相同区间长度不同的区间值数据对应的高斯分布函数对比

从几何图形上，可以得出两个区间值数据的相似度就是其所对应的两个高斯分布函数曲线和 Z 轴所围成的公共区域面积与总面积之比。本节下面将介绍几组描述区间值数据相似关系的定义。

1. 相似度定义

由于相似度和距离可以相互定义，因此可以用区间值数据的相似度来定义区间值数据之间的距离。

设区间值数据 $\tilde{a}$ 和 $\tilde{b}$ 的归一化距离记为 $d(\tilde{a},\tilde{b})$（见定义 3-11），则两者的相似度定义如下。

定义 3-14　区间值数据的相似度 $S_N(\tilde{a},\tilde{b})$ 定义：

$$S_N(\tilde{a},\tilde{b}) = 1 - d(\tilde{a},\tilde{b}) \tag{3-15}$$

2. 贴近度定义

在距离定义的基础上还可以定义 $\tilde{a}$ 和 $\tilde{b}$ 的贴近度如下。

定义 3-15　区间值数据贴近度 $T(\tilde{a},\tilde{b})$ 定义：

$$T(\tilde{a},\tilde{b}) = \begin{cases} \dfrac{1-d(\tilde{a},\tilde{b})}{1+d(\tilde{a},\tilde{b})}, & 0 \leqslant d(\tilde{a},\tilde{b}) < 1 \\ 0, & d(\tilde{a},\tilde{b}) \geqslant 1 \end{cases} \tag{3-16}$$

其中，$d(\tilde{a},\tilde{b})$ 为 $\tilde{a}$ 和 $\tilde{b}$ 的距离。

3. 相离度定义

此外，还可以定义 $\tilde{a}$ 和 $\tilde{b}$ 两者之间的相离度。

定义 3-16　区间值数据相离度 $S_a(\tilde{a},\tilde{b})$ 定义：

$$S_a(\tilde{a}, \tilde{b}) = \frac{|a^+ - b^+| + |a^- - b^-|}{L(\tilde{a}) + L(\tilde{b})} \qquad (3\text{-}17)$$

其中，$L(\tilde{a}) = a^+ - a^-$ 和 $L(\tilde{b}) = b^+ - b^-$ 为区间的长度，$\tilde{a}$ 和 $\tilde{b}$ 可以有一个为退化的区间数即实数。

4. 区间数的排序方法

对于给定的一组区间数 $\tilde{a}_i = [a_i^L, a_i^U](i = 1, 2, \cdots, n)$ 把它们进行两两比较，利用上述可能度公式求得相应的可能度 $P(\tilde{a}_i > \tilde{a}_j)$，简记为 $P_{ij}(i, j = 1, 2, \cdots, n)$，并建立可能度矩阵 $\boldsymbol{P} = (p_{ij})_{n \times n}$。该矩阵包含了所有方案相互比较的全部可能度信息，因此对区间数进行排序的问题，就转化为求解可能度矩阵的排序向量的问题。$\boldsymbol{P}$ 是一个模糊互补判断矩阵，定义：

$$\omega_i = \frac{\sum_{j=1}^{n} p_{ij} + \dfrac{n}{2} - 1}{n(n-1)}, \quad i = 1, 2, \cdots, n$$

得到可能度矩阵 $\boldsymbol{P}$ 的排序向量 $\omega = (\omega_1, \omega_2, \cdots, \omega_n)$，并利用 $\omega_i(i = 1, 2, \cdots, n)$ 对区间 $\tilde{a}_i = [a_i^L, a_i^U](i = 1, 2, \cdots, n)$ 进行排序。

在综合评价模型中，最后得到的评价向量 $\boldsymbol{B} = (b_1, b_2, \cdots, b_n)$，其中 b_j 是一个正有界闭区间数，针对这种情况，我们给出一种区间数的排序方法，借此可以做出决策。

定义 3-17 设 $\bar{a} = [a^-, a^+]$，$\bar{b} = [b^-, b^+]$，若 $\dfrac{a^- + a^+}{2} \leqslant \dfrac{b^- + b^+}{2}$，则 $\bar{a} \leqslant \bar{b}$。

特别的，如果 $\dfrac{a^- + a^+}{2} = \dfrac{b^- + b^+}{2}$，此时相应出现两种决策准则，如风险型准则：若 $\bar{a} \subset \bar{b}$，决策者选取 $\bar{a}$；保守型准则：$\bar{a} \subset \bar{b}$，决策者选取 $\bar{b}$。

3.5 本 章 小 结

本章简要描述了区间值模糊建模思想、定义和区间值数据相异性度量方法，区间值数据作为符号数据分析的重要研究内容，其本质在于刻画观测数据自身的可变性和不确定性。可引入区间思想对待分类遥感影像数据集建模，从影像信息表示源头构建区间值数据模型，结合基于模糊集合理论的类别建模方法，有望改善影像土地覆盖自动分类结果。而本章描述的区间值数据相异性度量方法是第 6 章和第 7 章面向影像土地覆盖分类的区间值数据模型间相异性度量定义的理论依据。区间值数据模型和模糊集合理论方法既可以独立用来刻画遥感影像土地覆盖分类的不确定性，更可以有机统一于遥感影像模糊分类的理论框架中，详见第 10 章。

第4章　模糊不确定性模型及典型算法

4.1　概　　述

从第 2 章和第 3 章的分析描述可知，模式识别中的模糊不确性建模关键是在考虑数据自身和不同模式之间的模糊不确定性基础上进行合适的模式划分，这种划分常常是无监督的。聚类分析是现代数据分析的重要工具之一，也是无监督模式划分（分类）方法的代表，其基本思想是按照"类内数据尽可能相似，而类间数据尽可能不相似"的原则将一个数据集划分为若干个类[65]。而作为柔性聚类分析的代表一型模糊分类器，特别是模糊 C-均值算法（Type 1 Fuzzy C-Mean Clustering，FCM）作为一种目标函数最优化的模糊划分方法，理论成熟，已经广泛应用于遥感影像土地覆盖分类和目标分割等分析处理[66-70]，有较好的鲁棒性，也是区间二型模糊 C 均值聚类算法的基础。本章下面各节将简要介绍四种典型的模糊不确定性模型及其基础算法，包括经典一型模糊聚类模型、二型模糊集聚类模型、面向对象无监督分类算法、分层混合模糊神经网络模型和区间值模糊划分的基本思想和算法过程。

4.2　一型模糊聚类模型

Zimmeman 将模糊数据分析方法分为基于迭代演算方法、知识驱动方法和基于神经网络的方法三大类，如表 4-1 所示[71]。本书集中讨论基于迭代演算的模糊聚类方法，可以分为两个基本类型：基于划分的模糊点原型和模糊非点原型及基于等价关系的模糊层次聚类和三种基本方法层次聚类、基于目标函数的方法和基于图论的方法。基于划分模型的基于目标函数的模糊聚类算法是本节将要介绍的重点内容。

表 4-1　模糊数据分析方法

迭代演算方法	知识驱动方法	基于神经网络的方法
模糊聚类 · 层次聚类 · 基于目标函数的方法 · 基于图论的方法 模糊回归	模糊控制 模糊专家系统	模糊自组织映射 模糊函数连接网络

1. 层次聚类方法

通过聚类的连续合并（聚合）和聚类的分裂操作得到层次划分结果。其中，聚合算法在每一次迭代时将上一次得到的聚类结果进行合并，从而产生聚类数不断减少的聚类序列；而分裂算法执行的动作恰好相反。在模糊集合理论中，层次聚类对应着一棵基于模糊等价关系（相似关系）生成的"相似性"决策树。

2. 基于图论的聚类方法

这类方法基于数据集的图的节点的某种连通性表示。聚类策略是打破边缘的最小生成树生成子图。在这种情况下，数据结构的模糊图表示不同的概念，然后连接导致不同类型的聚类，它可以表示为因子。

3. 基于目标函数的方法

这类方法给出了最精确的聚类公式。这些模型是由一个目标函数的局部极值的代表（为指定数量的聚类中心 C）被定义为最优的聚类。到目前为止发展了很多不同的方法，一般依据目标函数的不同可以将这些模糊聚类模型分为以下三大类：

（1）模糊 C 均值算法（FCM）：球形聚簇的大小几乎一样。

（2）半监督聚类：力图克服 FCM 的缺陷的模型。

（3）模糊可能性 C 均值算法：为了引进一个典型数据特征向量隶属到每个聚类而提出的一个可能性与模糊 C 均值混合的模型。

4.2.1　点原型聚类模型

任何聚类模型及用来优化它的算法的输出都是对输入数据集 X 的一个 c 划分矩阵 U 和表示聚类 i 中各点中心的点原型向量组 V。下面介绍 2 种此类模型，模糊可能性 C 均值算法（FPCM）[72]等在此不作讨论。

1. 模糊 C 均值聚类

模糊 C 均值聚类（fuzzy C-means，FCM）[73]就是用模糊数学理论对 K-Means 算法的改进，不同之处在于模式划分准则，前者是以隶属度为类别划分依据的软分类，而后者则是以欧氏距离作为类别划分依据的硬分类，因此 FCM 比 K-Means 更适应遥感信息的不确定性特点，特别是在处理真实的高维数据时，FCM 综合性能显著优于 K-Means 方法。

假定已知样本空间 $X = \{x_1, x_2, \cdots, x_n\}$，$x_j = (x_{j1}, x_{j2}, \cdots, x_{jm})$，一个 $c \times n$ 矩阵定义为：

$$U = \begin{pmatrix} u_{11} & u_{12} & \cdots & u_{1n} \\ u_{21} & u_{22} & \cdots & u_{2n} \\ \vdots & \vdots & \ddots & \vdots \\ u_{c1} & u_{c2} & \cdots & u_{cn} \end{pmatrix} = [U_1, \cdots, U_c] = [u_{ik}], \quad i = 1, 2, \cdots, n, k = 1, 2, \cdots, c \quad （4\text{-}1）$$

则该 C 划分有如下 3 种类型。

（1）可能性划分：

$$N_{pc} = \{ \boldsymbol{y} \in R^c : y_i \in [0,1], \forall i, y_i > 0 \} \tag{4-2}$$

（2）模糊划分：

$$N_{fc} = \left\{ \boldsymbol{y} \in N_{pc} : \sum y_i = 1 \right\} \tag{4-3}$$

（3）硬划分：

$$N_{hc} = \{ \boldsymbol{y} \in N_{fc} : y_i \in [0,1], \forall i \} \tag{4-4}$$

相应的划分准则如下。

（1）可能划分：

$$M_{pcn} = \left\{ U \in R^{cn} : \boldsymbol{U}_k \in N_{pc} \forall k; \quad 0 < \sum_{k=1}^n u_{ik} \forall i \right\} \tag{4-5}$$

（2）模糊划分：

$$M_{fcn} = \left\{ U \in M_{pcn} : \boldsymbol{U}_k \in N_{fc} \forall k \right\} \tag{4-6}$$

（3）硬划分：

$$M_{hcn} = \left\{ U \in M_{fcn} : \boldsymbol{U}_k \in N_{fc} \forall k \right\} \tag{4-7}$$

根据模糊划分准则，FCM 可定义目标函数如式（4-8），通过最小化目标函数来实现聚类，即将分类问题转化为求目标函数的极值问题：

$$J_m(\boldsymbol{U}, \boldsymbol{V}) = \sum_{j=1}^n \sum_{i=1}^c u_{ij}^m d_{ij}^2 \tag{4-8}$$

其中，$1 \leqslant m < \infty$，$\sum_{i=1}^c u_{ij} = 1, j = 1,2,\cdots,n$，$u_{ij} \geqslant 0, i = 1,2,\cdots,c$。

目标函数中，n 是像元个数；c 是类别个数，$\boldsymbol{U}$ 是模糊划分矩阵，$\boldsymbol{V}$ 是聚类中心集合，u_{ij} 为像元 $\boldsymbol{x}_j$ 属于类别 $\boldsymbol{v}_i$ 的隶属度。m 是模糊指数，m 越大，所得的分类矩阵模糊程度就越大。$d_{ij} = \left\| \boldsymbol{x}_j - \boldsymbol{v}_i \right\|$ 是像元 $\boldsymbol{x}_j$ 和聚类中心 $\boldsymbol{v}_i$ 的距离度量，通常为欧氏距离。

算法 4-1：一型模糊 C 均值聚类算法（Type 1 fuzzy C-means clustering，FCM）

Step 1：确定聚类数 c，加权指数 m，阈值 ε，最大迭代次数 COUNT，初始模糊划分矩阵 $\boldsymbol{U}$ 和迭代次数 $t=1$。

Step 2：对 U_{ij} 和 V_i 进行反复迭代：

$$U_{ij} = \frac{1}{\sum\limits_{k=1}^{c}\left(\dfrac{d_{ij}}{d_{kj}}\right)^{\frac{2}{m-1}}} \tag{4-9}$$

$$V_i = \frac{\sum\limits_{j=1}^{n} u_{ij}^{m} \boldsymbol{x}_j}{\sum\limits_{j=1}^{n} u_{ij}^{m}} \tag{4-10}$$

Step 3：当 $\max_{ij}\left\| u_{ij} - \hat{u}_{ij} \right\| < \varepsilon$ 或者 $t \geqslant$ COUNT 时，迭代结束。

在实际应用过程中，为了控制类别中心像元与邻域像素之间的距离对聚类结果的影响，可以定义一个模糊参数，以避免在预处理过程中可能引起的细节丢失和实现算法独立于特定参数的选择[74]。该模糊参数 F_{ki} 可以定义如下：

$$F_{ki} = \sum_{j \in N_i, i \neq j} \frac{1}{\mathrm{dnhood}_{ij} + 1} (1 - u_{kj})^m \left\| x_j - v_k \right\|^2 \tag{4-11}$$

其中，第 i 像元为邻域窗口（如 5×5 大小）的中心，k 是参考类别编号，第 j 个像元落在以 i 为中心的窗口 N_i 内，dnhood_{ij} 是像元 i 和 j 之间的空间距离，如欧氏距离，u_{kj} 是第 j 个像元属于第 k 类的隶属度，m 是模糊化指数，v_k 是第 k 类的原型中心。

对应的聚类目标函数可定义如下：

$$J_m = \sum_{i=1}^{n} \sum_{k=1}^{c} \left[u_{ki}^{\ m} \left\| x_i - v_k \right\|^2 + F_{ki} \right] \tag{4-12}$$

更多引入邻域信息增强的 FCM 及其应用见文献[31,73,75]。改进后的 FCM 通过邻域空间和灰度级模糊参数的引入克服了原 FCM 的不足，且有更强的抗噪能力[76-78]。本书则从影像信息表达角度通过区间值数据建模以抑制聚类过程中邻域的干扰影响。

2. 半监督聚类模型

FCM 模型的目标函数倾向于找到让每一个聚类中数据点的数量平衡的解决方案。这样如果每个聚类中数据点的数目显著不同时就会有问题，如图 4-1(a)所示。从图中可以看到，存在两个聚类，一个包含 3 个特征向量，而另一个聚类包含 34 个特征向量。FCM 用来对此数据进行聚类的结果如图 4-1(b)所示，显然有一些样本被错误划分，这是因为 FCM 追求每个聚类的数据点数近似相同造成的。

为克服这个问题，可采用半监督聚类模型，即充分考虑数据获取过程中得到的先验信息，以更好地指导聚类过程。这里我们给出两个分别由 Pedrycz（记为 P 模型[77]）和 Bensaid（记为 B 模型[78]）等人提出的半监督聚类模型。就此问题，我们则提出基于二型模糊集的解决方案，详见本书第 8～10 章。

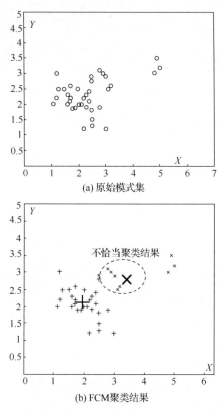

(a) 原始模式集

(b) FCM聚类结果

图 4-1　样本特征向量分布不均衡的两个数据集聚类示例[71]

1）P 模型

设 $x^d \in R^p$ 为已标记数据集，$x^u \in R^p$ 为未标记数据集，x^d 将指导 FCM 算法找到 x^u 的一个合适的 c 划分。此外，令

$$x = \left\{ x_1^d, x_2^d, \cdots, x_{n_d}^d \right\} \bigcup \left\{ x_1^u, x_2^u, \cdots, x_{n_u}^u \right\} \tag{4-13}$$

另设置一个指示标志 b_k，若 x_k 已标记，则 $b_k = 1$，否则 $b_k = 0$。接着定义一个矩阵 $F = [f_{ik}]_{c \times n}$，该矩阵在合适的地方包含已标记向量，其他地方为零向量，从而 Pedrycz 将 FCM 的优化函数修改为：

$$J_{\text{FCM}}(U, V) = \sum_{i=1}^{c} \sum_{j=1}^{n} u_{ij}^m \left\| x_j - v_i \right\|^2 + \alpha \sum_{i=1}^{c} \sum_{j=1}^{n} (u_{ij} - b_k f_{ij})^m \left\| x_j - v_i \right\|^2 \tag{4-14}$$

通过求上述公式的偏导数可获得 J 的一阶必要条件，结果给出了与 FCM 算法相同的 v 和相应的 u。

$$u_{ij} = \frac{1}{1+\alpha^{1/(m-1)}} \left(\frac{1 + [\alpha^{1/(m-1)}] \left[1 - b_i \sum_{k=1}^c f_{kj} \right] + \alpha^{1/(m-1)} b_j f_{ij}}{\sum_{k=1}^c (D_{ij}/D_{kj})^{2/(m-1)}} \right) \tag{4-15}$$

其中 α 为用来平衡不均衡的聚类样本数的权重因子。

2）B 模型

假定那些监督数据类别标签正确，首先对矩阵 $U_0 = (U^d \mid U_0^U)$，中的 U_0^u 初始化。最终的矩阵形如 $U_f = (U^d \mid U_f^u)$，接下来仅利用那些已经标记的数据计算聚类中心：

$$v_{i,0} = \frac{\sum_{j=1}^{n_d} (u_{ij,0}^d)^m x_i^d}{\sum_{j=1}^{n_d} (u_{ij,0}^d)^m}, \quad 1 \leqslant i \leqslant c \tag{4-16}$$

接着利用如下公式计算 u：

$$u_{ik,t}^u = \left[\sum_{j=1}^c \left(\frac{\left\| x_k^u - v_{i,t-1} \right\|}{\left\| x_k^u - v_{j,t-1} \right\|} \right)^{\frac{2}{m-1}} \right]^{-1}, \quad 1 \leqslant k \leqslant c, \quad 1 \leqslant i \leqslant n_u, \quad t=1,2,\cdots,T \tag{4-17}$$

为解决可能遇到的聚类样本数不均的问题，可引入一个非负的权重因子，让已经标记的样本的权重高于那些没有标记的。

$$v_{i,t} = \frac{\sum_{j=1}^{n_d} w_j (u_{ij,t}^d)^m x_j^d + \sum_{j=1}^{n_d} (u_{ij,t}^u)^m x_j^u}{\sum_{j=1}^{n_d} w_j (u_{ij,t}^d)^m + \sum_{j=1}^{n_d} (u_{ij,t}^u)^m} \tag{4-18}$$

4.2.2 非点原型聚类模型

不同于前面介绍的 C 均值模型和在此基础上构建的半监督模糊聚类模型的点原型，一个线形的非点原型可用来表征线形聚类，而一个圆形原型可用来找到环状聚类。那些没有"内部点"的聚类被称为壳聚类以与云类型结构区分。一个泛化的非点原型代价函数的最小化可定义如下：

$$\min \left\{ J_m(U, B, V) = \sum_{i=1}^c \sum_{k=1}^n u_{ik}^m D_{ik}^2 \right\} \tag{4-19}$$

其中 $B = (\beta_1, \beta_2, \cdots, \beta_c)$，$\beta_i$ 为第 i 个非点原型中心，$D_{ik}^2 = S(x_k, \beta_i)$ 为 x 与第 i 聚类原

型的相似度或近似程度度量。对 U 的估计与 FCM 算法相同，而对中心 V 的估计依赖于聚类的模型。相关算法，本书不做详细介绍，感兴趣的读者可参阅文献[71]。

4.3　面向对象的无监督分类算法

1. 算法流程

首先对遥感影像进行分割，得到一系列空间上相邻、同质性较好的分割单元，然后对分割单元进行特征提取，得到分割单元的光谱特征、纹理特征等多特征信息，进而利用分割单元的特征信息对分割单元进行聚类。最后，通过对聚类结果进行分类后处理（包括类别合并、错分调整等）得到最终的分类结果。

2. 影像分割和特征提取

影像分割和特征提取是面向对象的分类方法中非常关键的步骤。影像分割采用了我们专利提出的降水分水岭分割算法实现影像分割[79]。通过分割，可以得到一系列分割单元，每个分割单元是一簇像元的集合，对应于原始影像中空间上相邻、内部同质性较好的小区域。用 S 表示所得到的分割单元所集合，则 S 可表示为：

$$S = \{B_1, B_2, \cdots, B_n\} \tag{4-20}$$

其中，$B_i(1 \leqslant i \leqslant n)$ 表示第 i 个分割单元，n 为分割单元的个数。

在分割之后，需要提取每个分割单元的特征信息，并利用该特征实现对分割单元的分类。能否提取出分割单元有效、稳定的特征将直接影响分类结果的精度和稳定性。由于分割单元是一个相邻的同质性较好的像元簇，与单个像元相比，分割单元所包含的特征信息更丰富也具有更好的稳定性。本算法从光谱、纹理、形状等方面提取分割单元的特征信息（更有效地分割单元特征提取和表征的方法将在第 7 章讨论），并将此提取的分割单元各特征分量构成一个特征矢量来表示该分割单元。原有分割单元的集合 $S = \{B_1, B_2, \cdots, B_n\}$ 可表示为：

$$S = \{X_1, X_2, \cdots, X_n\} \tag{4-21}$$

其中，X_i 表示分割单元 B_i 的特征矢量，n 为分割单元的个数。

3. 基于马氏距离的面向对象聚类

由于光谱特征和基于灰度共生矩阵的纹理特征属于不同量纲，而且各个特征之间存在着较强相关性，利用欧氏距离进行聚类，不能体现出光谱特征和纹理特征的差异性。马氏距离具有不受量纲影响的特点，并且可以排除变量之间的相关性的干扰。因此，针对分割单元特征矢量的特点，这里给出基于马氏距离来对分割单元进行聚类的方法。

完整的训练算法如算法 4-2 所示。

算法 4-2：面向对象无监督分类算法（Object-oriented Unsupervised Classification，OOUC）

Step1：计算聚类样本空间的协方差矩阵。

分割单元集合 $\boldsymbol{S} = \{\boldsymbol{X}_1, \boldsymbol{X}_2, \cdots, \boldsymbol{X}_n\}$ 构成了聚类的样本空间，$\boldsymbol{\Sigma}$ 表示总样本的协方差矩阵。

$$\boldsymbol{\Sigma} = (\sigma_{ij})_{m \times n} \tag{4-22}$$

其中，$\sigma_{ij} = \dfrac{1}{n-1} \sum\limits_{k=1}^{n} (x_{ki} - \overline{x}_i)(x_{kj} - \overline{x}_j)$ ，$i, j = 1, \cdots, m$

$$\overline{x}_i = \frac{1}{n} \sum_{k=1}^{n} x_{ik}, \quad \overline{x}_j = \frac{1}{n} \sum_{k=1}^{n} x_{jk} \tag{4-23}$$

Step2：初始化聚类中心。

从分割单元的样本空间 $\boldsymbol{S} = \{\boldsymbol{X}_1, \boldsymbol{X}_2, \cdots, \boldsymbol{X}_n\}$ 中随机选择 k 个参考点 $\mathrm{CVS}_1, \mathrm{CVS}_2, \cdots, \mathrm{CVS}_k$，作为划分结果集 $\boldsymbol{Z}_1, \boldsymbol{Z}_2, \cdots, \boldsymbol{Z}_k$ 的聚类中心。

Step3：基于马氏距离进行聚类。

以 $\mathrm{CVS}_1, \mathrm{CVS}_2, \cdots, \mathrm{CVS}_k$ 为参考对集合 $\boldsymbol{S}$ 中所有元素进行归类。其中归类的标准为：
计算第 i 个分割单元的特征矢量 $\boldsymbol{X}_i$ 到每一个聚类中心特征矢量 CVS_j（$1 \leqslant j \leqslant k$ 的马氏距离）。

$$D_{ij} = (\boldsymbol{X}_i - \mathrm{CVS}_j)^{\mathrm{T}} \boldsymbol{\Sigma}^{-1} (\boldsymbol{X}_i - \mathrm{CVS}_j), \quad 其中(1 \leqslant j \leqslant k) \tag{4-24}$$

得到和 k 个聚类中心的最短距离：

$$D_{im} = \min\{D_{i1}, D_{i2}, \cdots, D_{ik} =\}, \quad 其中 1 \leqslant m \leqslant k \tag{4-25}$$

通过比较得到，分割单元 i 和第 m 个聚类中心相似度最高，故将 $\boldsymbol{X}_i$ 划分为集合 $\boldsymbol{Z}_m$ 中。

Step4：重新更新各个划分集合的聚类中心。

$$\mathrm{CVS}_j^* = \frac{1}{\|z_i\|} \sum_{j=1}^{\|z_i\|} \mathrm{VS}_{ij}, \quad 其中 \mathrm{VS}_{ij} \in \boldsymbol{Z}_i \tag{4-26}$$

Step5：计算平方误差。

$$\boldsymbol{E} = \sum_{i=1}^{k} \sum_{j=1}^{\|z_i\|} (\mathrm{VS}_{ij} - \mathrm{CVS}_j^*) \boldsymbol{\Sigma}^{-1} (\mathrm{VS}_{ij} - \mathrm{CVS}_j^*), \quad 其中 \mathrm{VS}_{ij} \in \boldsymbol{Z}_i \tag{4-27}$$

Step6：若 $\boldsymbol{E}$ 不变则终止算法，否则转到 Step2。

4.4　模糊 C 均值聚类（FCM）的关键影响因子分析

从迭代步骤看，FCM 算法主要受初始聚类中心的选取、聚类数、模糊指数及距离定义的影响。初始聚类中心和聚类数的影响在第 3 章已经讨论，这里不再赘述。而模糊指数和距离的定义作为算法的主要参数，对算法的结果有明显的影响。学者们针对具体的处理对象，对模糊指数的设置做了大量的研究，给出了各自的最佳模糊指数值，不过没有说明所选的最优值比其他值更好的理由，均没有足够的理论依据，距离的定义也是如此。因此下面我们主要针对模糊指数的选取和距离定义方法展开详细讨论。

4.4.1　模糊指数 m 的不确定性及对聚类结果的影响

FCM 聚类算法是一种迭代算法，按一定的方法初始化之后，主要采用式（4-9）和式（4-10）迭代更新聚类中心。隶属度取决于模式 x_i、聚类中心以及模糊指数 m。模式集是给定的，而一般情况下聚类中心在迭代过程中会收敛，因此 m 是一个非常重要的参数，其直接影响到模糊聚类的模糊程度。

如图 4-2 所示，参数 m 选取具有一定的不确定性。图 4-2(a)表示在两个中心下，不同 m 值对应的相对距离-隶属度曲线。可以看出隶属度曲线明显受 m 的影响，当 $m \to 1$ 时，模糊聚类退化成硬聚类；当 $m \to \infty$ 时，模糊聚类最大模糊化，失去划分能力。专家给出了 m 的经验值[80]，即一般取 $m = 2$。而模式集各簇具有密度差异性时，FCM 的效果根据 m 的不同呈显著差异[3]。

单一的模糊指数难以让算法在处理具有较大密度差异性和不确定性的遥感影像达到满意的结果。因此可以考虑利用多个模糊指数形成模糊指数区间，构建新的 FCM 算法。图 4-2(b)所示为 $m_1 = 1.1, m_2 = 5$ 构成的不确定性区域，表示每一个相对距离都对应一个模糊隶属度区间，我们可以用此区间来定义隶属度的不确定性，构建区间二型模糊集[81]。

本节从另一个角度研究这个参数，也就是论述模糊指数的不确定性及讨论不同的模糊指数对密度不同和密度相同的两种数据集的聚类结果的影响。为了检验不同的模糊指数对聚类结果的影响，我们人工构造测试数据集，然后用 K-Means 算法和选用不同的模糊指数的 FCM 算法对测试数据集进行聚类，并分析聚类结果。

设置两个具有相同密度的数据集 DataSetA 和 DataSetB，DataSetA = {7 10 13}×{50 53 56}，DataSetB = {72 75 78}×{47 50 53}；和密度相对较小的数据集 DataSetC = {50 75 100}×{25 50 25}；及由两簇密度大小相同的数据集的并集构成的数据集 DataSet1 = DataSetA∪DataSetB 和由两簇密度大小不同的数据集的并集构成的数据集 DataSet2 = DataSetA∪DataSetC。

下面我们用 DataSet1 和 DataSet2 作为数据源进行聚类测试。

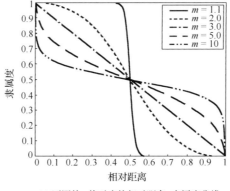

(a) 不同的 m 值对应的相对距离–隶属度曲线

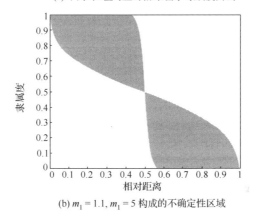

(b) $m_1 = 1.1$, $m_1 = 5$ 构成的不确定性区域

图 4-2　模糊指数 m 的不确定性

图 4-3 是对 DataSet1 选用欧氏距离和聚类数为 2 的聚类结果：其中(a)为 DatsSet1 的散点图，该图中左边的 9 个点为 DataSetA 的散点图，右边 9 个点为 DataSetB 的散点图；(b)为 K-Means 的聚类结果，其聚类中心与各簇中心点完全重合；图 4-3(c)~(f)分别为模糊指数 $m = 1.2$，$m = 2$，$m = 5$，$m = 10$ 的聚类结果。从结果可以看出，随着 m 的变化，FCM 算法的结果基本没有变化。这说明在数据集具有相同或相近的密度时，FCM 聚类结果对模糊指数 m 不敏感。图 4-4 为对 DataSet2 选用欧氏距离和聚类数为 2 的结果。可以看出在数据集具有密度差异的时候，模糊指数对 FCM 的结果有较为明显的影响。

4.4.2　不同距离定义对 FCM 结果的影响

这里用 Euclidean 距离，Seuclidean 距离，Cityblock 距离，Chebychev 距离，Mahalanobis 距离和 Cosine 距离（相关定义见本书第 2 章），分别对 DataSet2 进行聚类测试，结果如图 4-5 所示（其中(a)为选用 Euclidean 的聚类结果，(b)为选用 Seuclidean 的聚类结果，(c)为选用 Cityblock 的聚类结果，(d)为选用 Chebychev 的聚类结果，(e)为选用 Mahalanobis 的聚类结果，(f)为选用 Cosine 的聚类结果）。

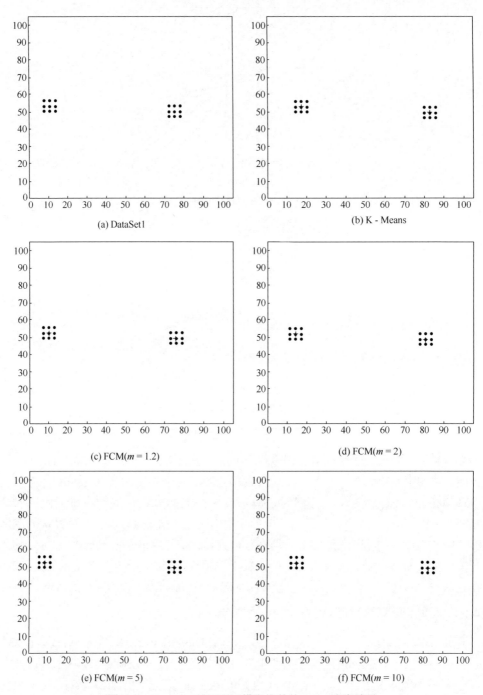

图 4-3　DataSet1 基于不同模糊指数的 FCM 聚类结果

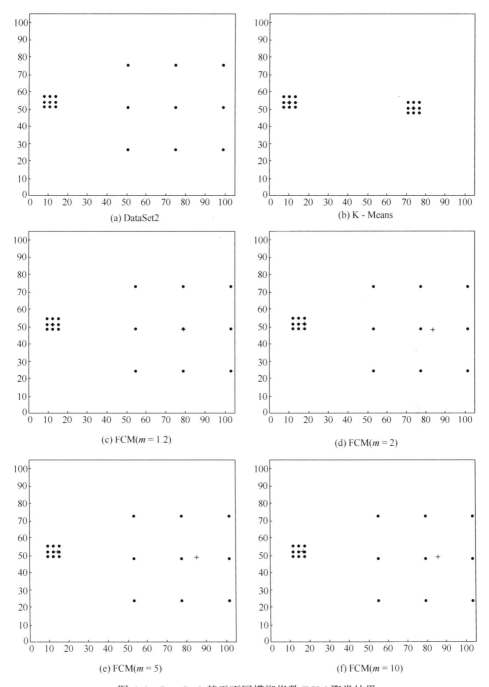

图 4-4　DataSet2 基于不同模糊指数 FCM 聚类结果

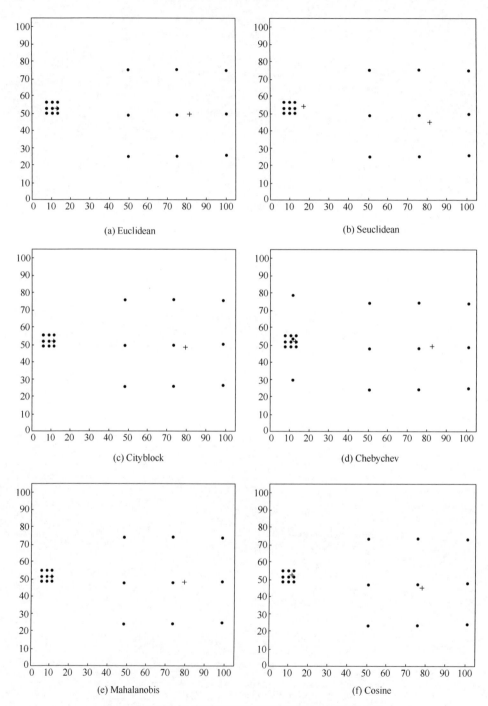

图 4-5　DataSet2 的基于不同距离度量的 FCM 聚类结果

从图 4-5 可以看出, 同属一种距离系明氏距离 (Minkowski) 的 Euclidean、Cityblock 和 Chebychev 三种距离, 聚类结果虽然相近, 但有细微差别; Seuclidean、Mahalanobis 和 Cosine 三种距离的聚类结果不仅彼此差异明显, 且与 Minkowski 距离系之间存在不小区别。通过该两组实验数据可见, 距离定义对聚类结果的影响较模糊指数的影响更大。欧氏距离把样本的不同属性之间的差别等同看待, 即所谓的各向同性, 这一点往往不能满足遥感影像土地覆盖分类的要求, 因为其距离是各向异性的, 因此学者们在遥感影像土地覆盖分类中常选用马氏距离[70,82] (Mahalanobis), 该距离定义也是本章主要采用的距离。明氏距离的参数 p 的选择也类似于模糊指数 m 的选择具有不确定性; 同时单一距离往往不能将整个样本特征分离。因此各种距离的计算方法究竟选择哪一种, 需要根据实际处理对象的特点进行选择, 在距离的选择上本身就存在一定的不确定性, 这正是本书第 9 章区间二型模糊集设计的一个理论依据。

4.5　二型模糊聚类模型

二型模糊集理论是模糊集理论研究的新热点, 近十年来越来越多的学者将其推广应用到模式识别领域[25], 并定义了基于二型模糊集的分类通用模型:

假定 U 表示特征空间, 待分类样本记为 X, 类别原型 $V_k, k \in \{1,2,\cdots,C\}$, 定义在待分类样本和类别特征空间的二型模糊集记为 $Q(u)$ 和 $P_k(u), u \in U$, 则分类问题转化成寻求最优解 k^* 的问题:

$$k^* = \arg\max_k (\tilde{S}(Q(u)), P_k(u)) \qquad (4\text{-}28)$$

其中 $\tilde{S}$ 二型模糊集的相似度量。

其主要优势如下[83,84]:

(1) 通过采取二型模糊集将模糊模式分类问题转换成一个精确的、定义完好的求最优解的问题。

(2) 与普通一型模糊集不同, 二型模糊集保持了对高阶不确定性的控制能力。

由于很难直接求解如式 (4-28) 所示目标函数的最优值, 往往使用交互优化的求解策略, 即交替进行迭代, 直至目标函数收敛到指定精度内的最优值[65], 这也是本书模糊聚类的基本思路。

从本章第 2 节的分析和本书第 8 章第 2 节实验结果可知, 如果原样本数据集紧密度大, 且每个模糊划分 (聚类) 之间的"界限"分明, 那么利用一型模糊 C 均值算法聚类效果较好。然而, 在现实生活中几乎没有这类理想化的样本数据集, 例如, 遥感影像数据往往存在一些离群样本点, 它们到每个聚类中心的距离都较大, 而聚类分析必会将其划到某个类别, 从而导致该类别中心偏离正确位置, 将引起循环迭代过程中的更多的错误划分, 导致聚类效果不佳, 需要引入二型模糊集。基于二型模糊集理论,

2001 年，Rhee 和 Hwang 提出了一种二型模糊 C 均值聚类算法[85]，此算法表现出较好的抗噪性，但计算复杂度高且其次隶属度构造函数仍待改进。2007 年，Rhee 和 Hwang 在 2001 年研究的基础上，基于区间二型模糊集理论，用两个不同的模糊化参数构造隶属度区间，提出了基于模糊指数不确定性的区间二型模糊 C 均值聚类方法，并对多种简单数据集进行了分类实验，但模糊聚类清晰化方法过于复杂且模糊指数过于随意[86]。2013 年，Linda 和 Manic 把 Rhee 方法扩展成基于模糊指数不确定性的二型模糊 C 均值聚类算法[87]。

　　由上面的算法描述不难得到区间二型模糊 C 均值算法通用模型，如图 4-6 所示。有具体的模糊划分函数，也即构建不同的二型模糊集，则可以得到不同的区间二型模糊 C 均值算法。本书第 8 章和第 9 章将详细介绍我们根据应用需求，在图 4-6 所示通用模型基础上提出的两种区间二型模糊 C 均值算法。

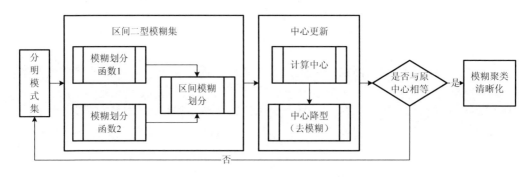

图 4-6　区间二型模糊 C 均值聚类通用模型

4.6　分层混合模糊-神经网络模型

4.6.1　分层混合模糊-神经网络模型概述

　　模糊神经网络[88]在实际应用中，人们往往会面临一些输入变量是高维，并且同时含有连续变量和离散变量的问题，但对于这种情况，目前还缺乏十分有效的模型和算法。Wang 提出了一种基于神经网络和模糊系统的分层混合模糊-神经网络模型（hierarchical hybrid fuzzy – neural network，HHFNN）[89-91]。该模糊-神经网络主要分为两层：底层由模糊子系统组成，用于处理输入变量中的离散变量；上层是典型的三层前馈神经网络。底层的每个模糊子系统将一组离散变量通过模糊推理算法合成为一个输出，然后将各个模糊子系统产生的输出与原来输入变量中的连续变量一起输入到上层神经网络中进行处理。在这个网络模型的底层，模糊子系统可以很好地处理输入变量中的语言变量和其他形式的离散变量，上层神经网络具有很强的学习能力。该网络模型可以降低输入变量的维数，减少网络参数个数，从而加快网络学习训练速度，并保持了全局逼近性质。

分层混合模糊—神经网络模型由一个模糊系统和一个神经网络系统复合而成，其拓扑结构如图 4-7 所示。网络模型中一共有 P 个模糊子系统，第 $p(p=1,2,\cdots,P)$ 个模糊子系统的输入变量为：$x_{p,1},x_{p,2},\cdots,x_{p,m_p}$ 共 m_p 个。

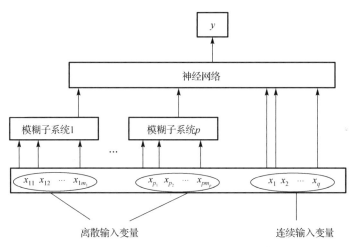

图 4-7　分层混合模糊神经网络的结构

4.6.2　分层混合模糊-神经网络训练算法

现代遥感技术的快速发展与新型传感器的不断涌现，使得利用遥感数据对地进行观测进入了一个新的多元的时代，从不同平台上获取的不同空间分辨率、不同时间分辨率以及不同光谱分辨率的遥感影像，形成了多级金字塔式的影像数据源。如此大量的多种形式遥感影像，迫切需要能得到更广泛的利用，然而这些数据经常是高维的且同时含有离散和连续变量。在系统建模中，为了避免信息的流失，必须使用某种方法将两种变量统一到同一种类型，而不是简单地把一种类型当作另一种类型直接处理。常用的处理方法有两种：一是将连续变量离散化，如王飞等[92]通过遗传算法找到全局最优离散策略，张化光等[93]提出基于模糊粗糙集和断点简约化离散化方法等；二是将离散变量连续化，如车燕等[94]通过分段线性插值构造出与原离散变量具有相同期望和方差的连续变量，Wang 等[89]提出分层混合模糊-神经网络（HHFNN）模型，用模糊子系统先将离散变量连续化，再将模糊子系统的中间输出与连续变量一起输入到神经网络进行处理，后来 Feng[90]等又对此模型进行了改进，提出基于 Gaussian 隶属函数的分层混合模糊-神经网络模型。

通常，一些数据，如遥感影像数据、矿产数据等的变量通常不是相互独立的，

在多个变量间可能会存在强交互作用，常用的去相关方法如主成分分析（PCA）[95]
通过正交变换得到一组两两正交的向量，但丢弃了低方差向量，且主成分分析还未
见文献说明适用于处理离散变量。对于自变量的多重共线性，主要通过变量筛选来
解决。即在大量的因变量中确定一个较小的变量子集，使得每个变量和目标变量有
较强的关系。典型的做法包括 Stepwise、FSLR、子集选择等。

由于变量选择的过程是离散的，即变量要么保留在模型中，要么排除在模型以
外，数据中很小的变化会导致模型的变量很不相同。其固有的不连续性导致模型不
稳定，当变量个数很多时，由于需要搜索所有的子集，对于 P 个自变量来讲，全部
可能的子集数目就有 $2^P - 1$ 个之多。一般来说，当 P 个数大于 30 就没有办法进行计
算了。岭回归是一个可以连续收缩系数的过程，因此更稳定，但是它不能设定每个
系数为 0，因此模型解释性会大打折扣。

1996 年 Tibshirani 提出了基于调整机制的模型 Lasso[96]，其主要优点在于同时
可以进行连续的选择变量和模型参数估计。基于调整机制的模型在实践中发现明显
比未使用调整机制的模型预测精度要高，而且还保持了其良好的解释性能。

因此，我们使用了分层混合模糊-神经网络模型，在模糊子系统部分选用 T-S 模
型[96]，隶属度函数采用三角波隶属函数[97]，在模糊推理规则部分选用 Lasso 函数，
并根据这种模糊推理规则，使用梯度下降法给出了新的训练算法，训练的参数除了
隶属度函数的中心和神经网络的权重值及偏置值以外，增加了 Lasso 函数的限制系
数。以下是改进方法的具体描述。

1. 模糊子系统部分

假设网络模型中一共有 P 个模糊子系统，第 p $(p = 1, 2, \cdots, P)$ 个模糊子系统的输
入变量为： $x_{p,1}, x_{p,2}, \cdots, x_{p,m_p}$ 共 m_p 个，其中 $x_{p,i} \in U_{p,i} = [\alpha_{p,i}, \beta_{p,i}] \subseteq R, i = 1, 2, \cdots, m_p$，
于是该模糊子系统的输入论域 $U_p = \prod_{i=1}^{m_p} U_{p,i}$，输出论域记为 $V_p \subseteq R$，在每个输入
变量 $x_{p,i}$ 的论域上 $U_{p,i}$ 上进行等距模糊划分，设划分数为 $N_{p,i}$，从而每个论域 $U_{p,i}$ 上
有 $N_{p,i} + 1$ 个模糊集，其隶属度函数采用三角波函数。

设 $c_{p,i}^1, c_{p,i}^2, \cdots, c_{p,i}^{N_{p,i}-1}$ 依次表示各三角波函数的中心，于是第 p 个模糊子系统的第
i 个输入 $x_{p,i}$ 的隶属度可由下式计算：

若 $j_i = 0$，

$$\mu_{p,i}^0(x_{p,i}) = \begin{cases} \dfrac{c_{p,i}^1 - x_{p,i}}{c_{p,i}^1 - \alpha_{p,i}}, & \alpha_{p,i} \leqslant x_{p,i} \leqslant c_{p,i}^1 \\ 0, & \text{其他} \end{cases} \tag{4-29}$$

若 $0 < j_i < N_{p,i}$，

$$\mu_{p,i}^{j_i}(x_{p,i}) = \begin{cases} \dfrac{x_{p,i} - c_{p,i}^{j_i-1}}{c_{p,i}^{j_i} - c_{p,i}^{j_i-1}}, & c_{p,i}^{j_i-1} \leqslant x_{p,i} \leqslant c_{p,i}^{j_i} \\[4mm] \dfrac{c_{p,i}^{j_i+1} - x_{p,i}}{c_{p,i}^{j_i+1} - c_{p,i}^{j_i}}, & c_{p,i}^{j_i} \leqslant x_{p,i} \leqslant c_{p,i}^{j_i+1} \\[4mm] 0, & \text{其他} \end{cases} \tag{4-30}$$

若 $j_i = N_{p,i}$

$$\mu_{p,i}^{N_{p,i}}(x_{p,i}) = \begin{cases} \dfrac{x_{p,i} - c_{p,i}^{N_{p,i}-1}}{\beta_{p,i} - c_{p,i}^{N_{p,i}-1}}, & c_{p,i}^{N_{p,i}-1} \leqslant x_{p,i} \leqslant \beta_{p,i} \\[4mm] 0, & \text{其他} \end{cases} \tag{4-31}$$

其中，$c_{p,i}^0 = \alpha_{p,i}, c_{p,i}^{N_{p,i}} = \beta_{p,i}, i = 1, 2, \cdots, m_p, p = 1, 2, \cdots, P$。

取 $N_{p,i} = 2$，则 $x_{p,i}$ 论域的模糊模糊集划分如图 4-8 所示。

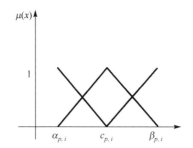

图 4-8　$x_{p,i}$ 论域的模糊模糊集划分（$N_{p,i} = 2$）

对于第 p 个模糊子系统，采用 Takagi-Sugeno 模型来实现模糊推理过程[96]。该模型的主要特点是：模糊规则的后件部分采用的是输入变量的函数（一般使用线性函数），而在 Mamdani 模型中模糊规则后件采用的是普通的模糊集。研究发现，Takagi-Sugeno 型模糊系统能够充分利用输入变量的特征，使用的模糊规则数通常少于 Mamdani 型模糊系统，同时具有较为简单的模糊化过程，因此它也被广泛用于复杂或非线性系统的建模[4]。

推理规则表示为如下形式：

If $x_{p,1}$ is $\mu_{p,1}^{j_1}$, and $x_{p,2}$ is $\mu_{p,2}^{j_2}$, $\cdots$, $x_{p,i}$ is $\mu_{p,i}^{j_i}$, $\cdots$, and x_{p,m_p} is $\mu_{p,m_p}^{j_{m_p}}$, then $y_p^{j_1 j_2 \cdots j_{m_p}} = f(X_p)$，其中 $X_p = (x_{p,1}, x_{p,2}, ..., x_{p,m_p})$，$j_i \in \{0,1\}$，$i = 1, 2, \cdots, m_p$。

在 Takagi-Sugeno 模型中，推理后件中的函数 $f(\cdot)$ 选择系数收缩方法中的 Lasso 函数。

Lasso (The Least Absolute Shrinkage and Selection Operator) 方法[98]是一种收缩

估计。它通过构造一个 L_1 罚函数得到一个较为精炼的模型，区别于岭回归使用的 k 罚，使得它收缩一些系数，同时设定另一些系数为 0，因此保留了子集收缩和岭回归的优点。它和岭回归一样，也是一种处理具有复共线性数据的有偏估计。

Lasso 方法采用如下函数形式：

$$f(X_p) = \sum_{i=1}^{m_p} a_{p,i}^{j_1 j_2 \cdots j_{m_p}} x_{p,i} + \lambda_p^{j_1 j_2 \cdots j_{m_p}} \sum_{i=1}^{m_p} \left| a_{p,i}^{j_1 j_2 \cdots j_{m_p}} \right| \qquad （4-32）$$

其中 $\alpha_{p,i}^{j_1 j_2 \cdots j_{m_p}}$ 是输入变量 $x_{p,i}$ 的系数，$\lambda_p^{j_1 j_2 \cdots j_{m_p}}$ 模型中约束系数，模糊子系统的输出为：

$$
\begin{aligned}
\hat{y}_p(X_p) &= \frac{\displaystyle\sum_{j_1 j_2 \cdots j_{m_p}} \left(\prod_{i=1}^{m_p} \mu_{p,i}^{j_i}(x_{p,i}) \right) y_p^{j_1 j_2 \cdots j_{m_p}}}{\displaystyle\sum_{j_1 j_2 \cdots j_{m_p}} \left(\prod_{i=1}^{m_p} \mu_{p,i}^{j_i}(x_{p,i}) \right)} \\
&= \sum_{j_1 j_2 \cdots j_{m_p}} \left(\prod_{i=1}^{m_p} \mu_{p,i}^{j_i}(x_{p,i}) \right) \left(\sum_{i=1}^{m_p} a_{p,i}^{j_1 j_2 \cdots j_{m_p}} x_{p,i} + \lambda_p^{j_1 j_2 \cdots j_{m_p}} \sum_{i=1}^{m_p} \left| a_{p,i}^{j_1 j_2 \cdots j_{m_p}} \right| \right) \Big/ \\
&\quad \sum_{j_1 j_2 \cdots j_{m_p}} \left(\prod_{i=1}^{m_p} \mu_{p,i}^{j_i}(x_{p,i}) \right) \qquad （4-33）
\end{aligned}
$$

2. 神经网络部分

在上层的神经网络中，采用三层前向网络，输入层神经元个数为 $(P+Q)$ 个（P 表示模糊子系统的个数，Q 表示输入中连续变量的个数），中间隐层神经元个数为 H，输出层只有一个神经元。输入层到隐层的权重矩阵分为两部分，其中连接模糊子系统输出与隐层神经元的权重用矩阵 $\boldsymbol{W}_p = (w_{jp})_{H \times P}$ 表示，连接连续输入变量与隐层神经元的权重用矩阵 $\boldsymbol{W}_Q = (w_{jq})_{H \times P}$ 表示，隐层神经元偏置值向量记为 $\boldsymbol{b} = (b_j)_{1 \times H}$，隐层到输出层权重记为向量 $\boldsymbol{g} = (g_j)_{1 \times H}$，其偏置值记为 d，网络输出记为 o。隐层神经元的传递函数采用 Sigmoid 函数 $f_1(x) = \dfrac{1}{1+e^{-x}}$，输出层神经元采用线性传递函数 $f_2(x) = x$。则输出可写为：

$$o = f(X) = f_2(\sum_{j=1}^{H} g_j h_j + d) = \sum_{j=1}^{H} g_j h_j + d \qquad （4-34）$$

其中，$\boldsymbol{X} = (X_1, X_2, \cdots, X_P, X_Q)$ 为整个网络的输入向量，h_j 为隐层中第 j 个神经元的输出，则其计算公式为：

$$h_j = f_1\left(\sum_{p=1}^{p} w_{jp}\hat{y}_p + \sum_{q=1}^{Q} w_{jq}x_q + b_j\right) = 1 / \left(1 + e^{-\left(\sum_{p=1}^{p} w_{jp}\hat{y}_p + \sum_{q=1}^{Q} w_{jq}x_q + b_j\right)}\right) \quad (4\text{-}35)$$

故输出可写为：

$$o = \sum_{j=1}^{H} g_j / \left(1 + e^{-\left(\sum_{p=1}^{p} w_{jp}\hat{y}_p + \sum_{q=1}^{Q} w_{jq}x_q + b_j\right)}\right) + d \quad (4\text{-}36)$$

3. 训练算法

在上层神经网络的训练中使用梯度下降法。目标误差函数使用

$$E = \frac{1}{2}e^2 \quad (4\text{-}37)$$

其中 $e = t - o$，t 是实际目标输出值，那么

$$\Delta g_j = \frac{\partial E}{\partial g_j} = \frac{\partial E}{\partial o} \cdot \frac{\partial o}{\partial g_j} = -e \cdot h_j \quad (4\text{-}38)$$

$$\Delta d = \frac{\partial E}{\partial d} = \frac{\partial E}{\partial o} \cdot \frac{\partial o}{\partial d} = -e \quad (4\text{-}39)$$

$$\Delta b_j = \frac{\partial E}{\partial b_j} = \frac{\partial E}{\partial o} \cdot \frac{\partial o}{\partial h_j} \cdot \frac{\partial h_j}{\partial b_j} = -e \cdot g_j \cdot h_j \cdot (1 - h_j) \quad (4\text{-}40)$$

$$\Delta w_{jp} = \frac{\partial E}{\partial w_{jp}} = \frac{\partial E}{\partial o} \cdot \frac{\partial o}{\partial h_j} \cdot \frac{\partial h_j}{\partial w_{jp}} = -e \cdot g_j \cdot h_j \cdot (1 - h_j) \cdot \hat{y}_p \quad (4\text{-}41)$$

$$\Delta w_{jq} = \frac{\partial E}{\partial w_{jq}} = \frac{\partial E}{\partial o} \cdot \frac{\partial o}{\partial h_j} \cdot \frac{\partial h_j}{\partial w_{jq}} = -e \cdot g_j \cdot h_j \cdot (1 - h_j) \cdot x_q \quad (4\text{-}42)$$

于是由式（4-37）～式（4-41）得到上层神经网络的各个参数的更新公式：

$$g_j(k+1) = g_j(k) + \eta_1 e(k) h_j(k) \quad (4\text{-}43)$$

$$d(k+1) = d(k) + \eta_1 e(k) \quad (4\text{-}44)$$

$$b_j(k+1) = b_j(k) + \eta_1 e(k) g_j(k) h_j(k) \cdot \left(1 - h_j(k)\right) \quad (4\text{-}45)$$

$$w_{jp}(k+1) = w_{jp}(k) + \eta_1 e(k) g_j(k) h_j(k) \cdot \left(1 - h_j(k)\right) \hat{y}_p(k) \quad (4\text{-}46)$$

$$w_{jq}(k+1) = w_{jq}(k) + \eta_1 e(k) g_j(k) h_j(k) \cdot \left(1 - h_j(k)\right) x_q(k) \quad (4\text{-}47)$$

其中，$j = 1, 2, \cdots, H$，$p = 1, 2, \cdots, P$，$q = 1, 2, \cdots, Q$，η_1 是学习速度。

模糊系统的参数更新。对于第 p $(p=1,2,\cdots,P)$ 个模糊子系统，我们要在迭代中调整的参数为 $c_{p,i}$，$\alpha_{p,i}^{j_1 j_2 \cdots j_{m_p}}$，$\lambda_p^{j_1 j_2 \cdots j_{m_p}}$，首先计算从上层神经网络反向传递到第 p 个模糊子系统的误差为：

$$e_p = \frac{\partial E}{\hat{y}_p} = -e \cdot \sum_{j=1}^{H} g_j h_j (1-h_j) w_{jp} \tag{4-48}$$

于是采用如下方法更新隶属函数中心参数：

$$c_{p,i}(k+1) = c_{p,i}(k) - \eta_2 e_p(k)(\beta_{p,i} - \alpha_{p,i}) \cdot \text{sgn}(x_{p,i} - c_{p,i}) \tag{4-49}$$

对于 Lasso 函数，由于

$$\Delta a_{p,i}^{j_1 j_2 \cdots j_{m_p}} = \frac{\partial E}{\partial a_{p,i}^{j_1 j_2 \cdots j_{m_p}}} = \frac{\partial E}{\partial \hat{y}_p} \cdot \frac{\partial \hat{y}_p}{\partial a_{p,i}^{j_1 j_2 \cdots j_{m_p}}}$$

$$= e_p \cdot \frac{\prod\limits_{i=1}^{m_p} \mu_{p,i}^{j_i}(x_{p,i}) \cdot \left(x_{p,i} + \lambda_p^{j_1 j_2 \cdots j_{m_p}} \text{sgn}(a_{p,i}^{j_1 j_2 \cdots j_{m_p}}) \right)}{\sum\limits_{j_1 j_2 \cdots j_{m_p}} \left(\prod\limits_{i=1}^{m_p} \mu_{p,i}^{j_i}(x_{p,i}) \right)} \tag{4-50}$$

$$\Delta \lambda_p^{j_1 j_2 \cdots j_{m_p}} = \frac{\partial E}{\partial \lambda_p^{j_1 j_2 \cdots j_{m_p}}} = \frac{\partial E}{\partial \hat{y}_p} \cdot \frac{\partial \hat{y}_p}{\partial \lambda_p^{j_1 j_2 \cdots j_{m_p}}} = e_p \cdot \frac{\prod\limits_{i=1}^{m_p} \mu_{p,i}^{j_i}(x_{p,i}) \cdot \sum\limits_{i=1}^{m_p} \left| a_p^{j_1 j_2 \cdots j_{m_p}} \right|}{\sum\limits_{j_1 j_2 \cdots j_{m_p}} \left(\prod\limits_{i=1}^{m_p} \mu_{p,i}^{j_i}(x_{p,i}) \right)} \tag{4-51}$$

则

$$a_{p,i}^{j_1 j_2 \cdots j_{m_p}}(k+1) = a_{p,i}^{j_1 j_2 \cdots j_{m_p}}(k) - \eta_2 e_p \cdot \frac{\prod\limits_{i=1}^{m_p} \mu_{p,i}^{j_i}(x_{p,i}) \left(x_{p,i} + \lambda_p^{j_1 j_2 \cdots j_{m_p}} \text{sgn}(a_{p,i}^{j_1 j_2 \cdots j_{m_p}}) \right)}{\sum\limits_{j_1 j_2 \cdots j_{m_p}} \left(\prod\limits_{i=1}^{m_p} \mu_{p,i}^{j_i}(x_{p,i}) \right)} \tag{4-52}$$

$$\lambda_p^{j_1 j_2 \cdots j_{m_p}}(k+1) = \lambda_p^{j_1 j_2 \cdots j_{m_p}}(k) - \eta_2 e_p \cdot \frac{\prod\limits_{i=1}^{m_p} \mu_{p,i}^{j_i}(x_{p,i}) \cdot \sum\limits_{i=1}^{m_p} \left| a_p^{j_1 j_2 \cdots j_{m_p}} \right|}{\sum\limits_{j_1 j_2 \cdots j_{m_p}} \left(\prod\limits_{i=1}^{m_p} \mu_{p,i}^{j_i}(x_{p,i}) \right)} \tag{4-53}$$

其中 $i=1,2,\cdots,m_p$，$p=1,2,\cdots,P$，η_2 是学习速度。

完整的训练算法如下：

Step 1

（ⅰ）把输入变量分为连续和离散变量两部分，然后将离散变量分为 P 组，将第 p 组离散变量作为第 p 个模糊子系统的输入。如果问题中的几个离散变量之间存在明显的关系，那么就可以把相互之间有联系的离散变量分为一组，否则采取随机的方法将离散变量进行分组。为了避免模糊系统中出现的"维数灾难"问题和实现比较好的学习效果，每个模糊子系统的输入的离散变量个数不要超过 4 个。

（ⅱ）对训练数据进行归一化处理。设训练数据组为 $(\bar{X},\bar{T})$，其中输入数据 $\bar{X}=(\bar{x}_{rj})_{n\times m}$ 对应输出数据 $\bar{T}=(\bar{t}_r)_{n\times 1}$，$n$ 为训练样本数，m 为输入变量个数，用以下公式将它们归一到 $[0,1]$，并记为 (X,T)，$X=(x_{rj})_{n\times m}$，其中 $x_{rj}=\dfrac{\bar{x}_{rj}-\min\limits_{1\leqslant r\leqslant n}\bar{x}_{rj}}{\max\limits_{1\leqslant r\leqslant n}\bar{x}_{rj}-\min\limits_{1\leqslant r\leqslant n}\bar{x}_{rj}}$，

$j=1,2,\cdots,m$，$r=1,2,\cdots,n$。$T=(t_r)_{n\times 1}$，其中 $t_r=\dfrac{\bar{t}_r-\min\limits_{1\leqslant r\leqslant n}\bar{t}_r}{\max\limits_{1\leqslant r\leqslant n}\bar{t}_r-\min\limits_{1\leqslant r\leqslant n}\bar{t}_r}$，$r=1,2,\cdots,n$。

（ⅲ）确定离散输入变量 $x_{p,i}$ 的论域 $U_{p,i}=[\alpha_{p,i},\beta_{p,i}]$，并在论域上取两个模糊集，每个模糊集的隶属函数由式（4-21）～式（4-23）定义。

Step 2

网络参数初始化，用 $(-1,1)$ 上的随机数初始化上层神经网络的各个权重 W_P，W_Q，g 和各层偏置值 b，d；下层模糊子系统中参数初始值 $c_{p,i}=\dfrac{\beta_{p,i}-\alpha_{p,i}}{2}$，$a_p^{j_1 j_2\cdots j_{m_p}}=0.5$，$\lambda_p^{j_1 j_2\cdots j_{m_p}}=0.5$，$j_i=0,1,2$，$i=1,2,\cdots,m_p$，$p=1,2,\cdots,P$。设定目标训练误差限 ε 和最大训练回合数 K。

Step 3

开始训练网络。训练回合数 $k=1$，样本编号 $r=1$，将训练集中的第一个学习样本输入到网络中。

Step 4

在第 k 个训练回合中，对于第 r 个学习样本 $(X_r,T_r)(X_r=(x_{rj})_{r\times m})$，计算网络输出 o_r，误差 $e_r=t_r-o_r$，根据式（4-43）～式（4-47）、式（4-48）和式（4-52）～式（4-53）更新网络参数 w_{jp}，w_{jq}，g_j，b_j，d 和 $c_{p,i}$，$a_p^{j_1 j_2\cdots j_{m_p}}$，$\lambda_p^{j_1 j_2\cdots j_{m_p}}$（$i=1,2,\cdots,m_p$，$j=1,2,\cdots,H$，$q=1,2,\cdots,Q$）。

Step 5

若 $r<n$，则 $r=r+1$ 并转 Step 4。

Step 6

计算第 k 个训练回合中网络的均方误差值 $\text{MSE} = \dfrac{\sum\limits_{r=1}^{n}(t_r - o_r)^2}{n}$ 。若 $\text{MSE} < \varepsilon$ 或者 k 达到最大训练回合数 K ，则训练结束，否则 $k = k+1$ 并转 Step 4。

4.7　区间值数据集的模糊划分

从前面的分析可知，区间值数据模型适于描述对聚类对象属性的模糊性，近十年来，针对区间型数据的聚类分析引起了广泛关注和研究[99-105]，区间值数据模糊 C-均值聚类（Interval-valued data fuzzy C-means clustering，IV-FCM）符合区间值数据特点，是对传统 FCM 的一种推广，其算法得到了不断的改进，详见第 6 章引言，这里给出标准的 IV-FCM 基本算法描述。

假设有一组观测样本 $\tilde{\boldsymbol{X}} = \{\tilde{\boldsymbol{x}}_1, \tilde{\boldsymbol{x}}_2, \cdots, \tilde{\boldsymbol{x}}_n\}$ ，其中每个样本为一个 p 维的矢量 $\tilde{\boldsymbol{x}}_k = (\tilde{x}_{k1}, \tilde{x}_{k2}, \cdots, \tilde{x}_{kp})^{\mathrm{T}} = [\tilde{\boldsymbol{x}}_k^-, \tilde{\boldsymbol{x}}_k^+]$ ，其中 $\tilde{x}_{kj} \in I(R^+)(j=1,2,\cdots,p)$ 由区间值数据描述，即 $\tilde{x}_{kj} = [a_k^j, b_k^j] \in I = \{[a,b]: 0 \leqslant a \leqslant b\}$ 。则 IV-FCM 的目标在于找到一个划分 $P = (C_1, \cdots, C_k)$ ，将 $\tilde{\boldsymbol{X}}$ 划分到 K 个聚类中，其聚类的目标函数可定义如下：

$$J(U, \boldsymbol{P}) = \sum_{i=1}^{n} \sum_{k=1}^{K} (u_{ik})^m S(\tilde{\boldsymbol{x}}_i, \boldsymbol{g}_k), \quad m \in (1, +\infty) \tag{4-54}$$

式中 $\boldsymbol{P} = (C_1, \cdots, C_K)$ 为聚类的原型，$U = [u_{ik}]$ 为隶属度矩阵，$\boldsymbol{g}_k = (g_k^1, \cdots, g_k^p)$ 为聚类原型 C_k 的中心，$S(\tilde{\boldsymbol{x}}_i, \boldsymbol{g}_k)$ 表示区间数样本 $\tilde{\boldsymbol{x}}_i$ 与聚类原型 C_k 间的距离，其设计是影响到聚类结果的一个关键。区间值模糊 C-均值（IV-FCM）算法就是要寻找满足约束条件 $\sum_{k=1}^{K} u_{ik} = 1$ 的情况下实现目标函数 $J(U, P)$ 最小化的聚类中心 $\boldsymbol{g}_k$ ，其算法步骤与传统的 FCM[70]类似，核心是利用拉格朗日乘数法对式（4-54）中 $J(U, P)$ 求极值，经过多次迭代，求得满足 $J(U, P)$ 值最小的聚类中心 $\boldsymbol{g}_k$ 和隶属度矩阵 U。文献[105]首先提出的区间值数据模糊 C-均值聚类（IV-FCM）算法步骤概述如下。

算法 4-3：区间值数据模糊 C-均值聚类算法（Interval-valued data fuzzy C-means clustering，IV-FCM）

Step1：设定聚类数 $K(2 \leqslant K)$ ，模糊指数 $m\,(1 < m < \infty)$ ，阈值 $\varepsilon(\varepsilon > 0)$ ，最大迭代次数 COUNT，随机初始化隶属度矩阵 U ，迭代次数 $T=1$ ；

Step2：固定 u_{ik} ，计算聚类原型 $C_k(k=1,\cdots,k)$ 的中心 g_k^j 的下边界 α_k^j 和上边界 β_k^j ：

$$\alpha_k^j = \frac{\sum\limits_{i=1}^{n}(u_{ik})^m a_i^j}{\sum\limits_{i=1}^{n}(u_{ik})^m}, \quad \beta_k^j = \frac{\sum\limits_{i=1}^{n}(u_{ik})^m b_i^j}{\sum\limits_{i=1}^{n}(u_{ik})^m} \quad for \ j=1,\cdots,p \tag{4-55}$$

Step3：固定 g_k，更新样本 $\tilde{\bm{x}}_i$ 对聚类原型 $C_k(k=1,\cdots,K)$ 的隶属度 u_{ik}；

$$u_{ik} = \left(\sum_{s=1}^{K} \left(\frac{S(\tilde{\bm{x}}_i, \bm{g}_k)}{S(\tilde{\bm{x}}_i, \bm{g}_s)} \right)^{2/(m-1)} \right)^{-1}, \quad k=1,2,\cdots,K \tag{4-56}$$

Step4：如果 $\left| J_{T+1}(\bm{U},\bm{P}) - J_T(\bm{U},\bm{P}) \right| \leqslant \varepsilon$ 或者 $T \geqslant \mathrm{COUNT}$，算法结束，否则令 $T=T+1$，返回 Step2。

4.8　模糊聚类有效性评价

基于数据集模糊划分的方法简单，运算量小，但是与数据集的结构特征缺乏直接的联系。基于数据集几何结构的方法与数据结构密切相关，但是表述复杂，运算量大。对模糊聚类来说，有效性问题又往往可以转化为最佳类别数 c 的决策问题[106]。

1. 基于数据集模糊划分的模糊聚类有效性函数

基于模糊划分的模糊聚类有效性函数的理论基础是好的聚类对应于数据集较"分明"的划分。其优点是易于计算，适用于数据量小且分布比较好的数据集，但与数据集的几何特征缺乏直接联系，对于类间有交叠的数据不能很好地处理。

（1）Bedzek 提出了划分系数（Partition Coefficient）[107]：

$$V_{\mathrm{PC}} = \left(\sum_{k=1}^{n} \sum_{i=1}^{c} [u_{ik}]^2 \right) \Big/ n \tag{4-57}$$

这是第一个度量模糊聚类有效性的泛函，旨在度量聚类间的"重叠"程度。最大指标值对应最好聚类效果。

（2）Shannon 参照信息论的香农定理，提出了划分熵（Classification Entropy）[108]：

$$V_{\mathrm{PE}} = \left(-\sum_{j=1}^{n} \sum_{i=1}^{c} [u_{ik}]^2 \log_a u_{ij} \right) \Big/ n \tag{4-58}$$

最小的指标值对应着最佳聚类数，二者都与数据集的结构特征缺少直接的关联。

2005 年，李洁等将划分熵和划分模糊度相结合，提出了一种基于修正划分模糊度有效性函数[109]：

$$\mathrm{MPF}(\bm{U},c) = \mathrm{PF}(\bm{U},c) / V_{\mathrm{PE}}(\bm{U},c) \tag{4-59}$$

其中，PF(U,c) 是划分模糊度，MPF(U,c) 取最小值时对应着最佳划分。该函数能有效地判定数值型数据以及类属型数据的分类结果的合理性。

大多数有效性指标都是用距离来度量类内紧凑度和类间分离度的，陈业华等定义了模糊熵来度量类内紧凑度和类间分离度，并提出了基于模糊熵的有效性函数[110]：

$$E(\boldsymbol{U},c) = \sum_{j=1}^{c} e(\boldsymbol{A}_j) \tag{4-60}$$

其中 $e(\boldsymbol{A})$ 是定义的模糊熵，描述模糊集的模糊性程度，最小的指标值对应着最好的划分。

Malay 则提出了 PBM-指数[111]：

$$\text{PBM}(c) = \left(\frac{1}{c} \times \frac{E_1}{E_c} \times D_c \right) \tag{4-61}$$

其中 c 为聚类的数目，$E_c = \sum_{i=1}^{c} E_i$，$E_i = \sum_{j=1}^{n} u_{ij} \|\boldsymbol{x}_j - \boldsymbol{v}_i\|$，$D_c = \max_{i,j=1}^{c} \|\boldsymbol{v}_i - \boldsymbol{v}_j\|$，$n$ 为数据集中样本点数目。模糊 PBM-指数记为 PBMF，则有：

$$\text{PBMF} = \frac{1}{c} \times \frac{E_1 \times \max_{ij} \|\boldsymbol{v}_i - \boldsymbol{v}_j\|}{\displaystyle\sum_{i=1}^{c} \sum_{j=1}^{n} u_{ij}^m \|\boldsymbol{x}_j - \boldsymbol{v}_i\|} \tag{4-62}$$

最大的指标值对应着最佳的聚类数。因此通过最大化 $P(\boldsymbol{U}_c, \boldsymbol{v}_c; \boldsymbol{x}), c = 2,3,\cdots,c_{\max}$ 就可以确定最佳聚类数 c。

2. 基于数据集几何结构的模糊聚类有效性函数

Xie 和 Beni 从数据集的几何结构出发，在 1991 年提出了 Xie-Beni（XB）[112] 有效性指标 V_{xie}。该方法是第一个结合了数据集几何特征的模糊聚类有效性评价方法。

$$V_{\text{xie}}(\boldsymbol{U},\boldsymbol{V},c) = \frac{\dfrac{1}{n} \displaystyle\sum_{i=1}^{c} \sum_{j=1}^{n} u_{ij}^m \|\boldsymbol{v}_i - \boldsymbol{x}_j\|^2}{\min_{i \neq j} \|\boldsymbol{v}_i - \boldsymbol{v}_j\|^2} \tag{4-63}$$

其中，$\boldsymbol{U} = [u_{ij}]_{c \times n}$ 是隶属矩阵，$\boldsymbol{V}$ 是聚类中心矩阵，c 是聚类数，m 是模糊因子，$\boldsymbol{v}_i$ 是 $\boldsymbol{V}$ 中的第 i 行。V_{xie} 是类内紧凑度和类间分离度的比例，在类内紧凑度和类间分离度之间找一个平衡点，使其达到最小，从而获得最好的聚类效果。但是当 $c \rightarrow n$ 时，该指标将单调递减接近于 0，对确定最佳聚类数 c 将失去鲁棒性和判决功能。

鲍正益[113]对有效性指标 V_{xie} 引入不同的惩罚函数，于 2006 年提出了有效性指标 $V_{\text{new-xie}}$：

$$V_{\text{new-xie}}(U,V,c) = \frac{\dfrac{1}{n}\sum_{i=1}^{c}\sum_{j=1}^{n}u_{ij}^{m}\left\|v_i - x_j\right\|^2 + \dfrac{1}{n(n-1)}\sum_{k=1}^{n-1}\sum_{j=k+1}^{n}\left\|x_k - x_j\right\|^2}{\min_{i\neq j}\left\|v_i - v_j\right\|^2} \quad (4\text{-}64)$$

分子中的第二项是惩罚函数（数据集中任意数据对之间的平均距离）。当 $c \to n$ 时，它能够有效地抑制整个指标函数单调递减的趋势且不会为 0，保持了指标的鲁棒性和判决功能。

Bensaid[114]等发现各个类的大小对有效性指标 V_{xie} 的影响比较大，把这个作为他们研究的出发点，在 1996 年提出了 Bensaid 有效性指标 V_{bsand}：

$$V_{\text{bsand}}(U,V,c) = \sum_{i=1}^{c}\frac{\sum_{j=1}^{n}u_{ij}\left\|v_i - x_j\right\|^2}{\sum_{j=1}^{n}u_{ij}\sum_{i=1}^{c}\left\|v_i - v_j\right\|^2} \quad (4\text{-}65)$$

该指标把类间分离度的衡量 $\min_{i\neq j}\left\|v_i - v_j\right\|^2$ 替换为 $\sum_{i=1}^{c}\left\|v_i - v_j\right\|^2$，从而可对聚类数目相同，分布不同的情况更好地进行比较，把类内紧凑度的衡量由整体总和上的平均替换为各个类中紧凑度的平均和，对各个类的大小不再敏感，最小的指标值对应最佳划分。

王介生等于 2008 年提出一种聚类有效性函数[115]：

$$V_w(U,V,c) = S_1 / S_2 = \frac{\dfrac{1}{c}\sum_{i=1}^{c-1}\sum_{k=i+1}^{c}\left(\dfrac{1}{n}\sum_{j=1}^{n}\max(u_{ij},u_{kj})\right)}{\min_{i\neq j}\left\|v_i - v_j\right\|^2} \quad (4\text{-}66)$$

V_w 最小值对应着最佳聚类数 c。

更多聚类有效性指标定义请阅读文献[116]和[117]。

4.9　本章小结

本章介绍了基于聚类分析思想的模糊不确定性模型及算法，包括一型和二型模糊聚类模型和算法、面向对象的无监督分类算法、区间值模糊划分算法和分层混合模糊神经网络算法等，并讨论了一型模糊 C 均值算法中模糊指数和距离对算法效果的影响以及聚类效果评价指标，这些内容是第二部分土地覆盖分类应用中具体算法的基础。

第二部分　模糊不确定性建模算法
在土地覆盖分类中的应用

随着遥感技术、计算机技术的发展及相互渗透，由各种卫星传感器对地观测获取同一地区的多源遥感影像数据（多传感器、多平台、多空间分辨率和多光谱）越来越多，越来越全面，为自然资源调查、环境监测、灾害防治和全球变化等提供了丰富而又宝贵的资料[118]，人类社会进入大遥感时代。而遥感专题信息提取是实现将遥感数据转换成实际应用需要的信息，制作专题图，建立遥感数据库，最终转化为生产力的关键，其中最有效的途径之一就是遥感影像分类[119,120]。我们也可以发现，物体类别越多，导致类间差越小，分类与检测任务越困难[121]，影像尺寸的大小，则直接对算法的可扩展性提出了更高的要求，如何在有限时间内高效地处理海量数据、进行准确的目标分类成为当前研究的热点。

第5章 土地覆盖分类模糊不确定性的来源及研究现状

5.1 遥感数据的模糊不确定性

遥感影像数据是地面反射或发射电磁波特征的记录,是地面景物真实的瞬间写照,是地物成像时其光谱特征、空间分布和时间特征的综合反映[122]。地物的电磁波谱特征由其物质成分和结构所决定,不同类型的地物的物质成分和结构不同,而相同类型的地物具有相似的电磁波谱特征[122],如图 5-1 所示,反映在影像数据上表现为同类地物的灰度值具有特定的分布范围,且呈现集群分布特征,而不同类型的地物则具有不同的灰度值集群分布特征,两个不同的集群之间存在一定的相异性,这正是遥感影像分类的依据。

随着科技的进步,遥感对地观测能力不断提高和改进,其信息源越来越广泛,信息量越来越丰富,然而,由于遥感数据的不确定性使得准确解译并非易事。遥感数据不确定性源于数据固有的不确定性和数据获取过程的不确定性等,例如由于同类地物所处环境不同或成像条件不同,同一类型地物的不同样本间的电磁波谱具有一定的变幅,即呈条带状,如山体背坡阴影,作物的不同长势和干旱地区植被的稀少等造成了植被类中不同样本的差异[20];另一方面不同类型地物的波谱集成带之间可能会出现重叠现象,例如浑浊的水体与潮湿的土壤集成带在某些波段范围内出现了混叠现象,造成了两者可分与不可分并存的现象[124],这正是影像分类亟需解决的典型不确定性问题。

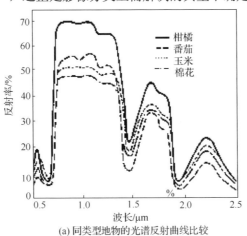

(a) 同类型地物的光谱反射曲线比较

图 5-1 地物反射光谱特征示例[123]

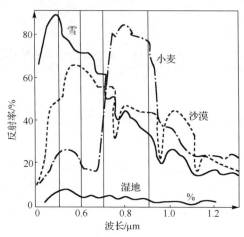

(b) 不同类型的地物的光谱曲线比较

图 5-1　　地物反射光谱特征示例[123]（续）

　　对于多光谱影像数据而言，同一地物在不同波段上的灰度特征具有不同的空间分布，如图 5-2 所示，地物 A（稀疏植被）、B（林地）灰度值分布在波段 b1～b4 上都存在显著差异，如地物 A 在 b4 上显示为亮白色在其他波段上均显示为灰色，且在 b1 上还表现出明显的非均质性；地物 B 则在 b1 上表现出较高灰度值，在 b2 和 b3 上则表现为暗灰度值；同时 A、B 在 b4 上可以较好区分，而在 b1 上则灰度分布很接近。由此可见，多光谱遥感影像数据的不确定性特征表现为同一波段上同类地物但不同个体的灰度值是不同的，在一定的相对集中的范围内变化，即类内异质性，且其分布不一定是标准的正态分布而是呈不规则的变化，该不确性特征表明用标准正态分布描述某地物类别的灰度概率密度的局限性。

　　综上所述，遥感影像数据固有的不确定性，造成了影像特征的不确定性，从而导致分类结果的模糊性和歧义性，成为遥感应用一大制约因素，也是影像分类亟待解决的关键问题。特别是随着遥感影像空间分辨率和光谱分辨率的提高，为遥感影像分类及信息应用提出了新的挑战，比如目标的多样性，特征信息的可变性，干扰因素的复杂性等[125]，在很大程度上约束了构建于单值分明集合上的分类模型在遥感影像分类识别领域的进展和应用推广，需要探索数据驱动的影像处理与分类算法，其重点是构建影像数据的不确定性信息表达模型，使其具有良好的表征性能，将直接决定影像分类性能的优劣，是完成分类识别任务的先决条件[126]；另一方面，模糊分类器作为一种有效的基于不确定性建模的分类方法已经广泛应用，然而基于一型模糊集的经典分类模型在处理影像类别的高阶不确定性时存在明显缺陷[127]，应当引入不确定性描述能力更强的二型模糊集以改善分类器性能，提高遥感影像分类精度。

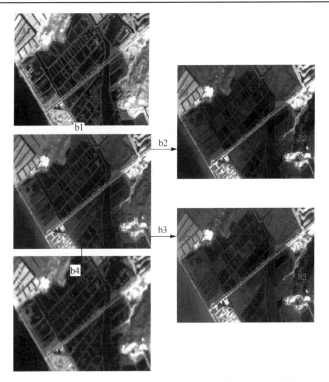

图 5-2 多光谱影像的多波段特征差异和不确定性

5.2 传统处理方法

如上节所述，多光谱遥感影像通过亮度或像素值的高低差异，即地物光谱信息在各个波段图像上的反映，以及地物分布的空间特征来表示不同地物的差异，一般来讲，相同的地物应该会有相同的光谱特征，而不同地物的光谱或空间特征信息应该不同[125,128-130]，遥感影像自动分类正是利用这一原理，利用计算机，分析影像中地物的灰度值数据特征，然后按照某种分类准则（分类器）将各像元划分到相应的类别中，得到最终的分类结果。一个分类器可以定义为一个系统或算法，给每个类别1 个区别于其他类别的唯一标志[119]，在遥感影像土地覆盖分类中一个分类器可以看作是将地表类型属性分配到影像中每个像元的操作[131]。

遥感影像分类技术发展至今，新的模式识别理论和分类方法在遥感领域中不断的应用和发展，到目前为止，较成熟的遥感影像分类技术主要有基于统计特征的方法，如最大似然法[132,133]及其改进方法[134]、K 最近邻法[135]和基于计算智能的方法，如人工神经网络方法[136]、综合阈值法、专家系统法和决策树分类法等[119]以及基于频谱特征的分类法[137]、均值漂移聚类方法[138]等。随着遥感技术和计算机技术的不断发展及相互渗透的深入，基于参数[139]、非参数或者结构化模型的遥感影像分类也有了广泛的研究[129,140-142]。本研究根据自动分类的需要，重点讨论适合于遥感影像自动分类的无监督方法，按照分类判别规则的"软"和"硬"可分为统计分类和模糊分类方法，按照分类对象的层次则可将其分为基于像素的分类和面向对象的分类方法。

5.2.1　基于像素的方法

基于像素的无监督分类法是遥感影像分析的经典方法，是一种根据影像单点像元本身的统计特征来划分地物类别的分类处理，已经有相当成熟的技术和应用，常用的方法有基于学习的方法，如贝叶斯学习法和基于聚类分析的方法等。聚类技术是一种基于相似度度量或相异性（距离）度量概念的算法，将相似度最大或距离最小的样本聚为一类，常用的方法有：K 均值（K-Means）[143]和 ISODATA[144]等，其核心是初始类别参数的确定，以及它的迭代调整问题。基于像素的分类方法鲁棒性较好，但是其主要问题在于将像素孤立分析，即仅利用了地物的光谱信息进行分类，缺乏对均质性对象（像斑）的重视，未能整合邻域像素的信息[70]，导致了分类结果的"椒盐噪声"现象，常常需要通过滤波等后处理才能达到期待的视觉效果；且因为未对数据的不确定性建模，使得分类往往出现较多的错分现象，分类精度难以进一步提高；而且，以单个像素作为处理对象，必然会导致分类过程中计算量大、易受噪声干扰等问题的出现[145,146]。因此学者越来越多的将面向对象的思想引入到高分辨率遥感影像分类中[147]。不过基于像素的分类方法可以得到定量的分类识别结果，从而可实现精细分类，因此在实际应用中依旧不可替代，并被不断完善和优化[91,148]。

5.2.2　面向对象的分类方法

面向对象遥感影像分类方法最早由 Baat 和 Schape 于 1999 年提出[149]，该方法以影像像斑（所谓像斑是指多尺度影像分割生成的同质单元）为分类识别单元而不再是单个像元，这样既可以充分利用影像数据的光谱信息，也可以利用不同尺度的影像纹理结构信息和更多的地物分布信息关系，从而提高分类精度，在较高空间分辨率遥感影像分类中具有较大的潜力[149-152]，其一般过程如图 5-3 所示，核心处理包括影像分割和像斑的综合特征提取等。

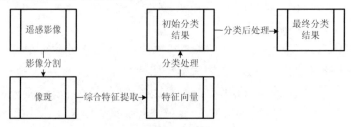

图 5-3　面向对象遥感影像分类方法的一般过程

1. 影像分割

影像分割是一个重要的影像分析技术[153]，其目的在于把原影像分割成一些在空间上相邻、灰度值相似的同质区域，一个区域（像斑）即为一个真正存在的划分出来的实体。通过分割，实现了从像素级到对象级分析的转化，也即分割后的影像可以通过分析提取出更多更丰富的信息，如光谱特征、几何形状和拓扑关系等特征信息，为后续的分类提供有力支持，是面向对象的分类方法的基础[154,155]。而分割的质量，即像斑的合理性直接影响到后期的特征提取和面向对象分类的结果，因此影像分割在面向对象的分类方法发挥着关键性作用[156]，发展了基于区域增长、基于边缘检测和基于分水岭算法等的分割算法[152,157]，但是，这不是本书讨论的重点，在此只对准确度较高的基于分水岭算法的影像分割进行概述。

分水岭算法作为一种基于区域的图像分割方法，建立在数学形态学的理论基础之上。其思想来源于地理学，即把一幅图像映射为一个三维的表面，如图 5-4 所示，对分水岭算法的不同直观理解对应着不同的算法实现[157,158]。

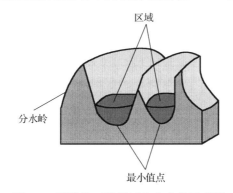

图 5-4　图像的三维显示和分水岭示意图

2. 分割单元特征提取

以分割单元作为识别对象，从像元到像斑，一方面可以减少处理的数据量，提高算法效率；另一方面为扩展特征空间提供了一个很好的途径。在此只简要介绍几种本研究涉及的光谱特征、形状特征和灰度值特征，更多内容请阅读面向对象分类的诸多文献[159]。

1）光谱特征

从上一节的阐述可知，光谱特征是反映地表的各种地物由于物质组成和结构不同而具有的独特的波谱反射和辐射特性，在影像上表现为各类地物在各波段上灰度值的差异。光谱特征是遥感影像地物识别最直接、最重要的解译元素，典型的有波段均值特征：

$$\overline{A}_k = \frac{1}{n}\sum_{i=1}^{n} p_{ki} \qquad\qquad (5\text{-}1)$$

A_k 表示了分割单元第 k 个波段的像素均值，n 表示分割单元中像元的个数，p_{ki} 表示分割单元第 k 个波段中第 i 个像元的像素值。

2）形状特征

形状特征主要有：周长、面积、紧凑度、矩形主方向和形状指数等，其中面向对象分割和分类识别中常用的指标：紧密度和形状因子计算公式为：

（1）紧密度：

$$CI = 2 \times \sqrt{\pi \times \text{area}} \,/\, \text{perim} \qquad\qquad (5\text{-}2)$$

（2）形状因子：

$$SI = \frac{\text{perim} / \sqrt{\text{area}}}{4} \qquad\qquad (5\text{-}3)$$

其中，perim 为分割单元的周长，area 为面积。

3）灰度统计特征[160]

从第 2 节的分析可知，同类地物在遥感影像上的灰度值具有集群分布特征，也就是分割单元的特征可以用灰度直方图来描述，其定义如下：

设 n_k 是分割单元 X_i 第 j 波段灰度级为 s_k 的像素个数，则分割单元 X_i 第 j 波段灰度直方图可表示为：

$$h_{X_i}^{j}(s_k) = n_k, \quad k = 0,1,\cdots,255 \qquad\qquad (5\text{-}4)$$

若 X_i 单波段的像素总数为 n，则可得到归一化的灰度直方图如下：

$$p_{X_i}^{j}(s_k) = \frac{n_k}{n}, \quad k = 0,1,\cdots,255 \qquad\qquad (5\text{-}5)$$

这是一种概率表达形式，$p_{X_i}^{j}(s_k)$ 是灰度级 s_k 出现的概率。从而可以定义基于分割单元直方图相似度度量概念的判别规则，完成遥感影像分类。

综上所述，面向对象的分类方法扩展了分类的特征空间，我们可将更多的特征信息用于分类。上述定义的各个特征中，波段的均值比较直观且易于获得；但形状特征等则很难精确量化，现有的标准特征定义不能对像斑特性进行准确、有效的建模，使得这些特征信息在面向对象分类中没有发挥出其应有的作用，制约了分类精度提高，从而导致面向对象分类方法，尤其是面向对象无监督分类方法的发展遭遇瓶颈。

由此可见，如何更好地刻画像斑特征成为面向对象分类方法成败的一个关键，可以考虑将以上某几个特征组合构成综合特征空间，并构建合理的表达模型，以提高各地物类别的分离性。将在第 7 章讨论一种全新的分割单元特征表达模型，即在多维统计特征提取基础上构建像斑特征区间模型，以突破面向对象无监督分类方法在特征信息表达上的局限性。

5.2.3　模糊分类方法

模糊数学方法是一种以模糊集合论为基础，针对不确定性事物的分析方法[161-163]，与普通集合论中事物归属的绝对化不同，模糊数学方法以隶属度描述某事物与某个集合的关系。在对事物进行分类时，一般需构建一个数学模型计算它对于各个类别的隶属度，然后根据隶属度的大小，按照一定的清晰化规则，将其划分到相应类别中[82,164,165]。

从本章第 1 节的阐述可知，遥感影像数据具有固有的不确定性，决定了遥感信息的处理分析结果具有不确定性（多解性和模糊性），这正是模糊分类成为遥感影像分类研究中一个重要趋势的原因[129,166-169]，Pal 等早在 1992 年就提出了模糊识别中的模糊模型[170]。模糊系统通过应用类别重叠定义改进了分类判别规则，且通过洞察分类器的结构和决策制定过程提高了结果的解译能力[171,172]。越来越多的研究证明了模糊分类在提高分类精度等方面具有明显优势[73,78,129]。为了进一步减少和抑制遥感影像分类的高阶模糊不确定性，学者逐步开始了基于二型模糊分类模型的遥感影像分类研究[127,128]，表现出更强的不确定性控制能力，得到比一型更好的处理结果，不过该研究尚处于探索验证阶段。本书对模糊分类模型，特别是二型模糊分类模型做了深入的分析并结合不确定性描述模型提出了多种自适应模糊分类模型，详见第 6 章至第 9 章。

5.3　基于模糊不确定建模理论的新方法

经典的统计分类方法对遥感影像土地覆盖分类过程中常常表现出不适应性，因为非此即彼的分类模型无法描述待分类影像数据固有的不确定性，即类内的非均匀性和类间的模糊不确定性，模糊分类方法应运而生。我们需要找到合理的方法来同时刻画同类型地物个体光谱的一定变化性及不同类别地物边界的模糊不确定性。本书引入区间思想对待分类遥感影像数据集建模，从影像信息表示源头构建区间值数据模型，结合基于模糊集合理论的类别建模方法，有望改善影像土地覆盖自动分类结果。区间值数据模型和模糊集合理论方法既可以独立用来刻画遥感影像土地覆盖分类的不确定性，更可以有机统一于遥感影像模糊分类的理论框架中。

本书从影像数据本身特征信息表达和影像类别间的关系描述两个角度力图设计

有效的遥感影像分类不确定性表达模型，一方面设计面向分类的影像区间值信息表达模型，以刻画遥感影像类别样本个体在一定范围内的可变性和随机性，结合合理的相异性度量定义提高类别的可分性；另一方面设计二型模糊集合来对影像模式集建模，以刻画土地覆盖类别的高阶模糊不确定性，从而提高光谱近似或混叠的不同类别的区分度和光谱异质的同类别的包容性。在此基础上进行模糊无监督分类，取得了优于构建于分明单点集合上的聚类方法和标准模糊聚类方法的结果，是在影像数据和类别关系不确定性建模研究基础上，对影像自动分类策略的有益探索，方法的创新性体现如下：

（1）引入区间值思想，提出了面向遥感影像土地覆盖分类的区间值信息表达模型以刻画多波段遥感影像数据的不确定性，并从理论上证明了区间值模型具有比原单点数据更大的可分性；提出了适合遥感影像分类的区间值向量相异性度量和区间自适应伸缩因子的定义，进而提出了一种自适应区间值模糊聚类算法。基于该聚类算法的遥感影像土地覆盖分类结果表明，针对多光谱遥感影像数据构建区间值信息表达模型可以更好地表征地物反射光谱的条带性特点，在此基础上定义的距离度量能实现更大的类别分离性，且根据聚类有效性指标自适应调整区间的宽度，能得到比 ISODATA 和经典一型模糊 C 均值聚类及标准区间值模糊 C 均值聚类更优的分类结果。

（2）针对高空间分辨率遥感影像对象内部光谱不均的特点，构建了基于像斑（分割单元）综合特征的区间模型，并从理论上证明了像斑区间特征具有比均值特征更好的区分度；提出了面向多波段区间向量的最大相异性度量方法，在此基础上提出了一种面向对象的自适应模糊非监督分类策略。多组遥感影像地表覆盖自动分类结果表明基于像斑综合特征的区间模型可以更好地刻画高空间分辨率影像对象的非均质性和不确定性，和面向对象的单值无监督分类方法相比，由于其运用区间特征而非中值特征来表征分割单元的特征信息，从而增大了不同类别像斑的可区分性，最终获得精度更高的分类结果。

（3）针对遥感影像土地覆盖分类存在的高阶模糊不确定性，提出了基于区间二型模糊集的遥感影像自动分类方法，重点是：提出了基于区间二型模糊 C 均值聚类的通用模型，并在深入分析模糊指数和距离度量对聚类影响的基础上提出了基于模糊指数不确定性的区间二型模糊 C 均值聚类算法，多组比对实验结果验证了该方法的有效性和优于一型模糊 C 均值聚类算法的不确定性描述能力，采用区间二型模糊分类器比一型模糊分类器得到的分类结果更准确。

（4）一方面基于模糊距离度量提出了面向遥感影像土地覆盖分类的自主区间二型模糊集构建方法，降低了模糊集构建对先验假设和专家知识的依赖；另一方面针对降型难题，提出了自适应探求等价一型代表模糊集的降型方法，提高了区间二型模糊分类器的不确定性控制能力，且明显降低了降型的计算复杂度。在此基础上提出了自适应区间二型模糊聚类算法。通过两组存在显著光谱混叠模糊现象影像数据的聚类分析实验验证了自适应区间二型模糊聚类算法的有效性，同时聚类结果也优于基于 KM 算法降型的二型模糊 C 均值算法和其他简易降型方法的聚类结果。

（5）提出了基于区间值数据模型和二型模糊集的综合区间分类概念模型和相应的自适应模糊聚类算法：从影像土地覆盖分类的意义上看，区间值数据模型和二型模糊集是存在内在关联的不确定性描述手段，建立两者综合的分类模型，通过自适应参数反馈调整找到一个最佳平衡点可以充分发挥两者的优势，从而得到更理想的影像土地覆盖分类结果，多组典型影像聚类分析实验结果验证了这一思路的有效性。

（6）提出了分层混合模糊-神经网络训练新算法，并将其应用到遥感影像分类识别中，取得较好的仿真效果。

5.4　本 章 小 结

标准的影像分类方法，无论是监督还是无监督，无论是基于像元还是面向对象，在将影像数据（连续光谱信息量化所得结果）划分到若干离散类别时，都不可避免地损失信息[138]。而遥感影像数据固有的不确定性，尤其是"同物异谱"和"异物同谱"现象的普遍存在[141]，致使计算机分类面临着诸多模糊性[132,141]，不能确定某个像元或对象究竟属于哪一类地物，统计分析结果具有很大的局限性，从而导致误分和漏分[119,142]。因此，为了提高分类精度，就需要提高预分类图像的可分性[142]，构建合适的影像信息表达模型，如通过多源遥感影像融合增强数据的可靠性和信息的互补性[118]，或者通过矩阵变换（如主成分和独立成分分析法等）消除或减少多波段影像数据的冗余性和相关性，试图提高可分性。然而，越来越多的研究表明此类预处理算法往往过早丢失了一些有用信息[121]，有利于影像分类的预处理应该更多地挖掘数据内在特征而非简单的去相关。

第 6 章　区间值数据建模与遥感影像土地覆盖模糊分类

本章基于原影像数据为观测样本均值的假设设计了以原影像数据为区间中值的区间值数据模型，并提出了一种区间最大相异性度量方法。在此基础上，引入自适应区间宽度伸缩因子，提出了自适应区间模糊 C 均值聚类算法。实验结果验证了模糊聚类方法明显优于经典的 ISODATA 算法，而自适应模糊聚类结果明显优于传统模糊 C-均值聚类和标准的区间模糊 C 均值聚类方法。

6.1　概　　述

遥感影像数据固有的不确定性制约了影像分类技术的发展，从前两章的论述可知，遥感影像数据的固有不确定性表现之一为地物在影像上的灰度值在一个相对集中的范围内变化，而区间值数据是一种可反映观测数据的可变性和不确定性的符号数据[149]，因而可以刻画遥感数据的这种不确定性。其研究始于对区间模糊集合的讨论，人们从区间值数据着手以研究存在中立者的投票模型这种不精确数据集的分类问题。FCM 作为理论最为完善的一种基于目标函数优化的模糊聚类算法适应数据的不确定性、多解性和模糊性的特点，应用广泛[172,173]。不过从 FCM 算法的结构可以看出，它是针对特征空间中的单值数据集设计的，对于特殊类型的数据，比如区间值数据，FCM则无法直接处理。需要构造新的模糊 C-均值算法对样本数据类型为区间值的数据集进行聚类划分[59]。第 4 章描述了区间值数据模糊 C-均值聚类（IV-FCM）的基本算法，其理论方法日趋完善，通过结合区间结构特点构造合适的区间值数据距离定义和引入合理的参数控制，可取得理想的聚类结果[57,174,175]，如张伟斌[59]、岳明道[104]、谢志伟[58]等相继提出了基于式（3-13）距离定义的区间值模糊 C 均值的自适应算法，不过在这些自适应算法中，体现自适应的区间宽度影响因子在实际聚类过程中为预设的常量值，依赖聚类效果和经验人工调整。此外，目前关于区间值数据及其分析处理方法研究多为仿真实验，鲜有应用推广，尚未见到遥感影像处理分析领域的相关研究及应用。本章引入区间值思想，以遥感影像数据为基础构造区间值信息表达模型来刻画遥感影像数据固有的不确定性；提出一种面向遥感影像土地覆盖分类的区间自适应伸缩因子构建方法，在此基础上提出自适应区间模糊 C 均值聚类算法，取得了较好的影像土地覆盖分类结果。

6.2　遥感影像区间信息表达建模及其相异性度量

面向遥感影像土地覆盖分类的区间值数据建模是本实验的关键。从第 1 章的阐述可知，遥感影像是地物成像时其光谱特征、空间分布特征和时间特征的综合反映，影像上每一个像元的灰度值代表了地物在特定的成像时间的空间分布特征[122]，是受到多种因素综合影响的结果，据此，我们参考定义（见式（6-1））和文献[49]的思想，即基于观测样本的中值和方差构造区间值数据的方法，以原影像数据为区间中值构建区间值数据模型 $\tilde{X} = \{x_1, x_2, \cdots, x_n\}$，定义如下：

$$\tilde{X} = [X_{\text{down}}, X_{\text{up}}] = [\text{data} - \alpha \cdot \sigma, \text{data} + \alpha \cdot \sigma] \tag{6-1}$$

其中，其中 σ 为局部（如 3×3 邻域）偏差，data 为输入影像数据，α 为区间宽度伸缩因子，根据不同的输入数据特征可以设置合适的伸缩函数，确保聚类结果类内均方误差最小，类间离散度最大，详见本章接下来两节的分析。考虑到影像灰度值为非负，当 X_{down} 小于 0 时重置其值为 0。$\tilde{X}$ 的物理意义在于中值 data 不同的区间显然是不同的区间，不会削弱影像数据原有的可区分度；对于相等的 data，如果其所处的上下文不同，则 σ 不同，因而对应的区间不一样，从而提高了光谱近似或混叠的影像目标类别的可分离度，其理论证明如下。

定理 6-1　影像数据区间值数据建模可提高类别可分性。

证明：假设两个类别 A, B 的代表样本像元（比如类别的中心）：$X = \{x_1, x_2, \cdots, x_n\}$ 和 $Y = \{y_1, y_2, \cdots, y_n\}$，$n$ 为样本的维度，即影像数据的波段数，根据式（6-1）定义可构建基于 X 和 Y 的区间值数据模型 $\tilde{X}$ 和 $\tilde{Y}$：

$$\tilde{X} = [\tilde{X}_L, \tilde{X}_R] = [X - \alpha \cdot \sigma_x, X + \alpha \cdot \sigma_x], \quad \alpha \geqslant 0 \tag{6-2}$$

$$\tilde{Y} = [\tilde{Y}_L, \tilde{Y}_R] = [Y - \alpha \cdot \sigma_y, Y + \alpha \cdot \sigma_y], \quad \alpha \geqslant 0 \tag{6-3}$$

其中 σ_x 和 σ_y 分别为 X 和 Y 对应的局部偏差；$\tilde{X}_R = \{\tilde{x}_{R1}, \tilde{x}_{R2}, \cdots, \tilde{x}_{Rn}\}$，$\tilde{X}_L = \{\tilde{x}_{L1}, \tilde{x}_{L2}, \cdots, \tilde{x}_{Ln}\}$，$\tilde{Y}_L = \{\tilde{y}_{L1}, \tilde{y}_{L2}, \cdots, \tilde{y}_{Ln}\}$，$\tilde{Y}_R = \{\tilde{y}_{R1}, \tilde{y}_{R2}, \cdots, \tilde{y}_{Rn}\}$；$\tilde{x}_{Ri} = x_i + \alpha \sigma_{xi}$，$\tilde{x}_{Li} = x_i - \alpha \sigma_{xi}$，$\tilde{y}_{Ri} = y_i + \alpha \sigma_{yi}$，$\tilde{y}_{Li} = y_i - \alpha \sigma_{yi}$。

可定义 X 和 Y 之间及 $\tilde{X}$ 和 $\tilde{Y}$ 之间的欧氏距离如下：

$$d(X, Y) = \sum_{i=1}^{n} \sqrt{(x_i - y_i)^2} \tag{6-4}$$

$$d(\tilde{X}, \tilde{Y}) = \sum_{i=1}^{n} \sqrt{(\tilde{x}_{Li} - \tilde{y}_{Li})^2 + (\tilde{x}_{Ri} - \tilde{y}_{Ri})^2}$$

$$= \sum_{i=1}^{n} \sqrt{[(x_i - y_i) + \alpha \cdot (\sigma_{yi} - \sigma_{xi})]^2 + [(x_i - y_i) - \alpha \cdot (\sigma_{yi} - \sigma_{xi})]^2}$$

$$= \sum_{i=1}^{n} \sqrt{2(x_i - y_i)^2 + 2[\alpha \cdot (\sigma_{yi} - \sigma_{xi})]^2}$$

$$\geqslant \sum_{i=1}^{n} \sqrt{2(x_i - y_i)^2} = \sqrt{2} d(X, Y) \tag{6-5}$$

可定义以 X 和 Y 为代表的类别 A, B 可分离判别规则如下：

$$\Phi(A, B) = \begin{cases} d(X, Y) \geqslant \varepsilon, & \text{可分} \\ \text{else}, & \text{不可分} \end{cases} \tag{6-6}$$

其中，ε 为大于零的常量。若以 $\Phi(A, B)$ 判别 A, B 可分，即 $d(X, Y) \geqslant \varepsilon$，则由式（6-5）可推出 $d(\tilde{X}, \tilde{Y}) > \varepsilon$；当 $d(X, Y) = 0$ 时，$d(\tilde{X}, \tilde{Y}) = \sum_{i=1}^{n} \sqrt{2[\alpha \cdot (\sigma_{yi} - \sigma_{xi})]^2}$，若 $\sigma_y \neq \sigma_x$，仍可能有 $d(\tilde{X}, \tilde{Y}) \geqslant \varepsilon$，也即在相同距离度量概念情况下，区间值模型比单点样本的可分性更强，证毕。当然，A, B 的最终可分性还与两区间值向量 $\tilde{X}$ 与 $\tilde{Y}$ 的相异性度量定义相关。

在式（6-1）基础上，可以定义 p 维区间 $x_i (i = 1, 2, \cdots, n)$ 的半宽度为：$\dfrac{(X_{\text{up}} - X_{\text{down}})}{2} = \alpha \cdot \sigma$，中点为 $\dfrac{(X_{\text{up}} + X_{\text{down}})}{2} = \text{data}$；若 $g_k = [\alpha_k, \beta_k]$ 为类别 k 的中心区间，其中点和半宽度分别为 $m_k = \dfrac{\alpha_k + \beta_k}{2}$ 和 $w_k = \dfrac{\beta_k - \alpha_k}{2}$ 从而可以定义 x_i 与 g_k 基于区间中点和半宽度的 Hausdorff 距离（记为 Max-dist）如下：

$$\text{Max-dist}(x_i, g_k) = \sum_{j=1}^{p} \max \left\{ \left| \alpha_k^j - (\text{data}_i^j - \alpha \cdot \sigma_i^j) \right|, \left| \beta_k^j - (\text{data}_i^j + \alpha \cdot \sigma_i^j) \right| \right\}$$

$$= \sum_{j=1}^{p} \max \left\{ \left| (\text{data}_i^j - m_k^j) - (\alpha \cdot \sigma_i^j - w_k^j) \right|, \left| (\text{data}_i^j - m_k^j) + (\alpha \cdot \sigma_i^j - w_k^j) \right| \right\}$$

$$\because \quad \max(|x - y|, |x + y|) = |x| + |y|, \quad \forall x, y \in R$$

$$\therefore \quad d(x_i, g_k) = \sum_{j=1}^{p} (|\text{data}_i^j - m_k^j| + |\alpha \cdot \sigma_i^j - w_k^j|) \tag{6-7}$$

不难验证，Max-dist 定义满足距离函数定义的 3 个性质。其中 α 为区间伸缩因子，可见当σ、data、m、w确定时，$d(\mathbf{x}_i, \mathbf{g}_k)$值取决于$\alpha$，因此$\alpha$可以调节$d(\mathbf{x}_i, \mathbf{g}_k)$，从而影响到聚类结果，其设计将在下一节讨论。

6.3 区间伸缩因子的构造

从上一节的分析可知，区间伸缩因子α可以实现$d(\mathbf{x}_i, \mathbf{g}_k)$的自适应调整以达到最佳的模糊划分，如何定义该伸缩因子成为影响区间模糊划分结果的又一个关键。一般来说，一个函数$f: X \to [0,1], x \mapsto f(x)$叫做论域$X = [-E, E]$的一个伸缩因子，如果满足下述公理[176]：

（1）对偶性：$(\forall x \in X)\ (f(x) = f(-x))$。

（2）避零性：$f(0) = \varepsilon, \varepsilon$为充分小的正数。

（3）单调性：f在[0,E]上严格单调递增。

（4）协调性：$(\forall x \in X)(|x| \leqslant f(x)E)$。

（5）正规性：$f(\pm E) = 1$。

参考文献[176]，本书采用式（6-8）所示伸缩因子，具体推演过程见文献[177]，在此不再赘述。

$$\alpha = f(e) = 1 - \lambda \exp(-ke^2), \quad \lambda \in (0,1), k > 0 \qquad (6\text{-}8)$$

其中，e的含义见6.4.2节阐述，常量参数λ和k对伸缩因子的影响如图6-1所示。

从图6-1可以看出，在k（$k=1$）固定的情况下，λ越大，伸缩因子α曲线越陡，即伸缩因子对e变化越敏感，反之越平缓；在λ（$\lambda = 0.97$）固定情况下，$k \leqslant 1$，伸缩因子与e的变化几乎呈正线性相关，而当$k = 5$时，均方误差大于0.8时，伸缩因子调节能力接近饱和。我们希望区间随着类内均方差的增大而快速拉伸从而快速调整当前样本所属的类别，因此此处我们选择$\lambda = 0.99, k = 1.5$，详见式（6-10），在实验过程中可根据数据特点作微调。

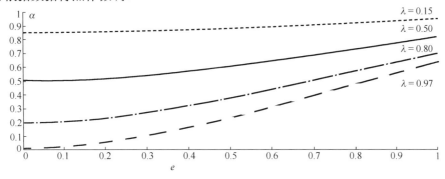

(a) 参数λ对自适应控制因子的影响，$k = 1$

图6-1 常量参数对伸缩因子的影响

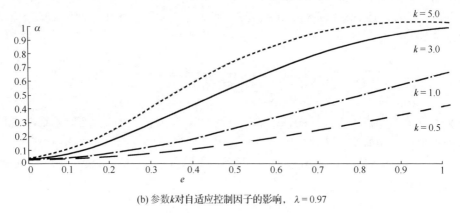

(b) 参数 k 对自适应控制因子的影响，$\lambda = 0.97$

图 6-1　常量参数对伸缩因子的影响（续）

6.4　自适应区间值模糊 C-均值算法

6.4.1　初始化隶属度矩阵的优化

同经典 FCM 算法一样，随机选取初始聚类中心，即随机初始化隶属度矩阵，使区间值模糊 C-均值算法聚类结果不稳定，或者需要多次迭代，或者需要优化初始聚类中心设置方法，而诸多优化算法的时间复杂度较高，为了提高聚类稳定性并降低时间复杂度，本章提出了通过递归求波段灰度直方图的极小值对应的灰度值来确定初始化聚类中心的方法，进而实现隶属度矩阵的初始化。

设 p_j 为输入影像数据 X 第 j 波段的归一化直方图，聚类数为 K，波段数为 N，求解直方图极小值的对应的灰度值的函数记为 $t_j^i = \min(p_j)$，$i = 1 : K$，$j = 1 : N$，L 为灰度级数，则初始化聚类中心步骤如下：

Step1：$t_j^i = \min(p_j)$。

Step2：在灰度值区间 $[0, t_j^i]$ 和 $[t_j^i, L-1]$ 递归调用 $\min(p_j)$，直到找到 K 个聚类中心。

所求得的 $T = \{t_1, t_2, \cdots, t_N\}$，$t_i = \{t_i^1, t_i^2, \cdots, t_i^K\}$ 即为初始聚类中心，接着按照式（6-1）构建初始中心区间和式（6-11）计算初始化隶属度矩阵。

6.4.2　自适应区间值模糊 C-均值算法描述

假设依据式（6-1）定义构建的基于遥感影像数据的区间值样本集 $\tilde{X} = \{x_1, x_2, \cdots, x_n\}$，$x_i = [a_i, b_i]$，$i = 1, 2, \cdots, n$，其中每个样本为一个 p 维的矢量 $x_k = (x_{k1}, x_{k2}, \cdots, x_{kp})^T$，则聚类的目标函数和区间伸缩因子可定义如下：

$$J_{\text{AIVFCM}}(\boldsymbol{U}, \boldsymbol{P}) = \sum_{i=1}^{n} \sum_{k=1}^{K} (u_{ik})^m d(\boldsymbol{x}_i, \boldsymbol{g}_k), m \in [1, +\infty) \tag{6-9}$$

$$\alpha = f(\boldsymbol{e}) = 1 - 0.99 \exp(-1.5 \times \boldsymbol{e}^2) \tag{6-10}$$

其中，$\boldsymbol{P} = (\boldsymbol{C}_1, \cdots, \boldsymbol{C}_K)$ 为聚类的原型，$\boldsymbol{U} = [u_{ik}]_{n \times K}$ 为隶属度矩阵，$\boldsymbol{g}_k = (g_k^1, \cdots, g_k^p)$ 为聚类原型 C_k 的中心，$d(\boldsymbol{x}_i, \boldsymbol{g}_k)$ 表示区间数样本 $\boldsymbol{x}_i$ 与聚类原型 C_k 间的距离，其设计是影响到聚类结果的一个关键，定义见式（6-7）。$\boldsymbol{e} = \{e_1, e_2, \cdots, e_K\}$，$e_j (j = 1, \cdots, K)$ 为聚类原型 C_k 的归一化类内均方差和，其值越小表示聚类效果越好，其定义见式（6-13）。聚类过程中，α 在 $[0,1]$ 范围内随着 e 的增加而单调递增，其物理意义在于，将 $\boldsymbol{x}_i$ 划分到某个类别中若引起该类类内均方差增大，则需扩张区间宽度以提高类内紧密性，增加光谱近似类别的分离性。本章通过优化隶属度矩阵初始化方法和引入自适应区间控制因子的自适应区间值模糊 C-均值聚类（A-IV-FCM）算法步骤概述如下：

算法 6-1：自适应区间值模糊 C 均值聚类算法（Adaptive interval-valued fuzzy C-means clustering，A-IV-FCM）

Step1：设定聚类数 $K(2 \leqslant K)$，加权指数 $m(1 < m < \infty)$，阈值 $\varepsilon = 0.00001$，最大迭代次数 COUNT，按照 6.4.1 节所述方法初始化隶属度矩阵 $\boldsymbol{U}$（满足约束条件），$\sum_{k=1}^{K} u_{ik} = 1, i = 1, 2 \cdots, n$，迭代次数 $T = 1$，$\alpha = 0$；

Step2：固定 u_{ik}，计算聚类原型 $C_k, k = 1, 2, \cdots, K$ 的中心 g_k^j 的下边界 a_k^j 和上边界 β_k^j：

$$\alpha_k^j = \frac{\sum_{i=1}^{n} (u_{ik})^m a_i^j}{\sum_{i=1}^{n} (u_{ik})^m}, \quad \beta_k^j = \frac{\sum_{i=1}^{n} (u_{ik})^m b_i^j}{\sum_{i=1}^{n} (u_{ik})^m}, \quad j = 1, \cdots, p \tag{6-11}$$

Step3：固定 g_k，更新样本 $\boldsymbol{x}_i$ 对聚类原型 $C_k, k = 1, 2, \cdots, K$ 的隶属度 u_{ik} 和修正伸缩因子 α；

（i）更新隶属度 u_{ik}：

$$u_{ik} = \left(\sum_{s=1}^{K} \left(\frac{d(\boldsymbol{x}_i, \boldsymbol{g}_k)}{d(\boldsymbol{x}_i, \boldsymbol{g}_s)} \right)^{2/(m-1)} \right)^{-1}, \quad k = 1, 2, \cdots, K \tag{6-12}$$

（ii）修正区间伸缩因子 α：

此处计算 $\boldsymbol{x}_i$ 隶属度最大 u_{ij} 对应的类别 C_k 的归一化类内均方差和作为伸缩因子的自变量：

$$e_k = \frac{\sum_{i \in C_k} u_{ik}^m \delta(\boldsymbol{x}_i, \boldsymbol{g}_k)}{n_k} \tag{6-13}$$

其中，$\delta(\boldsymbol{x}_i, \boldsymbol{g}_k)$ 为 $\boldsymbol{x}_i$ 与 $\boldsymbol{C}_k$ 的偏差，n_k 为原型 $\boldsymbol{C}_k$ 每一维的样本点数。其他符号同式（6-9）。通过式（6-10）更新伸缩因子 γ，从而更新区间样本 $\boldsymbol{x}_i$。

Step4：如果 $\left| J_{\text{AIVFCM}}^{T+1}(\boldsymbol{U},\boldsymbol{P}) - J_{\text{AIVFCM}}^{T}(\boldsymbol{U},\boldsymbol{P}) \right| \leq \varepsilon$ 或者 $T \geq \text{COUNT}$，算法结束，否则令 $T = T+1$，返回 Step2。

6.5　遥感影像土地覆盖分类实验

6.5.1　技术路线

如图 6-2 所示，首先对输入遥感影像进行区间值构造，接着针对区间值数据进行聚类中心、隶属度矩阵、模糊度等进行初始化，在此基础上进行区间值模糊 C-均值聚类（A-IV-FCM，算法步骤见本书 6.4.2 节算法 6-1 描述）。最后基于野外采集数据等先验知识对聚类结果进行类别合并（详细技术和参数设置等见 6.5.2 节）。

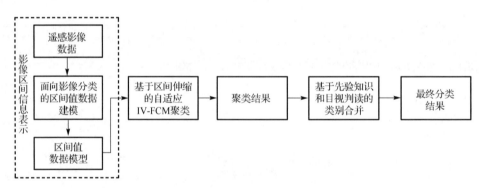

图 6-2　基于自适应区间值模糊 C-均值算法的土地覆盖分类技术流程图

6.5.2　实验设计和数据描述

我们选取了 2 个实验数据，其中 1 个选自土地覆盖较为复杂的珠三角地区（广东省珠海市横琴岛）2007 年 12 月 3 日获取的 SPOT5 卫星影像数据，包括多光谱谱段的 4 个波段（10m 分辨率），波谱范围为 0.43～0.89μm 的可见光和近红外波段。图 6-3 为实验数据各波段灰度统计特征比较。图 6-4(a)（400×400 像素）为原 SPOT5 卫星数据的 1、2、3 波段的 RGB 彩色合成图。第 2 个实验数据选自地形复杂、植被较为稀疏的青海玉树附近，该数据为 2010 年 4 月 15 日获取的 TM（Landsat-5 卫星）影像，其为 5、4、1 波段的 RGB 彩色合成图，如图 6-5(a)所示，地面分辨率为 30m。

实验中聚类公共参数设置：为满足"聚类个数通常应设置为最终信息类别数的 2～3 倍"的土地覆盖分类需求，设置聚类个数为 10（我们的多组实验结果表明，聚类个数越少，A-IV-FCM 聚类相比于传统 FCM 的优势越明显）；迭代终止误差 $\varepsilon = 0.000001$ （越小表明最终聚类结果越稳定），最大迭代次数为 500；模糊指数 m （值越大表明模糊化程度越高）的设定参考了文献[171]设为 2.5，本章实验结果也表明 m 取 2.5 时效果最好。

　　根据对原影像的目视判读和野外采集数据，参照 CORINE 土地覆被分类系统，我们对聚类结果进行了人工类别合并，以实现直接基于遥感影像进行识别的高级别土地覆盖分类[178]，类别组成见表 6-1。其中横琴实验数据的最终类别数为 5 个，而玉树实验数据影像空间分辨率较低，同样的像元点数覆盖了更大的区域，最终类别数为 6 个。我们同时对实验数据进行了 ISODATA 和 FCM 聚类以及基于文献[105]距离定义的标准 IV-FCM 对比实验，聚类的公共参数设置与 A-IV-FCM 算法保持一致，以确保结果的可比性。需要说明的是，不同的距离定义对于 FCM 的结果影响见第 4 章讨论，本章只给出了效果最好的基于马氏距离的 FCM 分类结果。

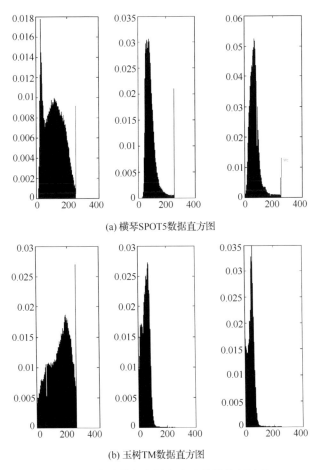

(a) 横琴SPOT5数据直方图

(b) 玉树TM数据直方图

图 6-3　实验数据各波段灰度统计特征比较

表 6-1　横琴 SPOT5 和玉树 TM 数据土地覆盖类别描述

实验数据	土地覆盖类别	描述
横琴 SPOT5	林地	天然山林和人工林
	水域	河流、水库、养蚝场、滩涂等
	草地	人工草坪、田间草、杂草丛生的耕地等
	建筑用地	高尔夫球场跑道、建筑工地、裸露岩石等
	农业用地	果园地、菜地、田间小路等
玉树 TM	水域	河流、高原冰雪覆盖区
	林地	天然山林，多为长青木
	耕地	河流冲积地等耕种区
	草地 1	沿江草场、村落等
	草地 2	山谷草地、低矮灌木丛等
	未利用地	沙化草地、风蚀地等

6.5.3　实验结果及分析

　　参照实验原影像数据可以看出，各种模糊聚类算法比 ISODATA 有更好的聚类结果，如图 6-4 和图 6-5 所示（见彩图），模糊聚类算法都较好地划分了不同的地表覆盖，不同地物类别的边界基本清晰可见。而 A-IV-FCM 与 FCM 相比，前者尤其适应于解决由于"同物异谱"现象造成的错分问题；或者在目标地物光谱受到邻域光谱影响的情况下，有更好的抗干扰能力：如对于图 6-4 的草地类（典型的见图中方框标注的区域 1），A-IV-FCM 得到了正确的聚类结果而 FCM 得到的是草地和耕地或者草地和林地的混合，表明 FCM 没有实现草地类和耕地、林地类的很好分离；对于该图中区域 1 中的鱼塘，FCM 的结果是水域和耕地的混合而 A-IV-FCM 得到了连贯完整的结果；该图的区域 2 中的水库四周的建筑在 FCM 结果中很大部分被错分成了耕地，且水库淹没在了耕地类中，而 A-IV-FCM 得到了轮廓清晰的建筑物类和水库。对于图 6-5 中的林地植被（典型的见图中方框标注），由于暗像元较多，FCM 将大部分植被错分到了水域，A-IV-FCM 则很好地分离了两者；对于图 6-5(a)中的山谷植被（典型的见图中黑色箭头标注，分类图中为草地 2 类），由于光谱反射不均，FCM 结果图中该类别几乎淹没在其他类别中，而 IV-FCM 结果图中其轮廓清楚，形态一致。不过，A-IV-FCM 聚类结果也有误差，如图 6-4 中部分阴影严重的山地被错分成了水域；图 6-5 中与水域光谱近似的阴影严重的林地错分成了水域，隐藏在山谷中的部分植被未能与未利用地很好地区分，我们将在本书第 10 章通过设计区间综合分类模型，力图改善这些不足。

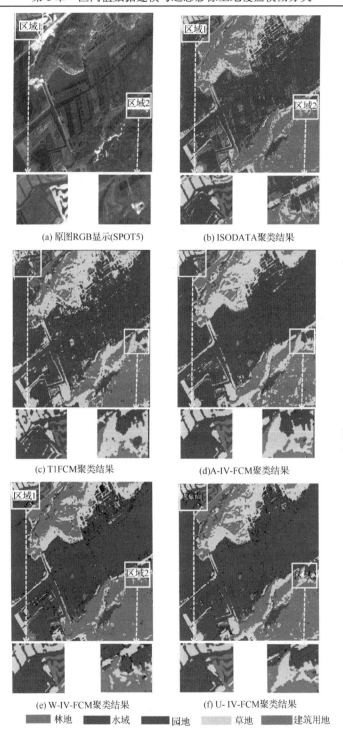

(a) 原图RGB显示(SPOT5)　　　　　　　(b) ISODATA聚类结果

(c) T1FCM聚类结果　　　　　　　(d)A-IV-FCM聚类结果

(e) W-IV-FCM聚类结果　　　　　　　(f) U- IV-FCM聚类结果

林地　　水域　　园地　　草地　　建筑用地

图 6-4　基于 ISODATA、T1FCM、A-IVFCM 及经典 IV-FCM 聚类的广东横琴 SPOT5 实验数据分类结果

(a)原TM数据RGB图(400×400像素)

(b) ISODATA聚类结果

(c) T1FCM聚类结果

(d)A-IV-FCM聚类结果

(e) W-IV-FCM聚类结果

(f) U- IV-FCM聚类结果

水域　　　林地　　　耕地　　　草地1　　　草地2　　　未利用地

图 6-5　基于 ISODATA、T1FCM、A-IVFCM 及经典 IV-FCM 聚类的玉树附近 TM 实验数据分类结果

　　而基于自适应区间伸缩的 A-IV-FCM 与基于经典距离定义的标准 IV-FCM[105]相比，两组实验结果表现不一，对于横琴实验数据，不同的区间模糊聚类方法所得的结果从目视判读上看没有明显差别，也就是不同的距离定义对其聚类结果影响差异不明显；而对于玉树附近 TM 数据的结果则表明新的距离定义效果最好，把原来不能区分的水体和暗像元多的植被类基本区分开来。进一步分析 2 组实验数据的总体灰度直方图（如图 6-3 所示，其中(a)为横琴实验数据波段 1、2、3 的直方图，(b)为玉树实验数据波段 5、4、3 的直方图）可知，横琴 SPOT5 数据灰度统计分布整体具有较好的聚集性，或者有明显的拐点，也就是类间距离的模糊程度较小，不同距离定义对结果的影响较小；而玉树附近 TM 数据的灰度值在低值区域集中，增加了灰度值较小的地物的分离难度，需要实现相异度量的最大化。从收敛速度看，基于不同距离定义的 IV-FCM 收敛速度不同，如图 6-6 所示，其中马氏距离的收敛速度最快，而本章定义的距离具有较快的收敛速度。

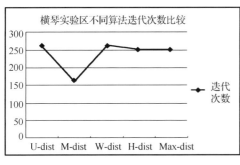

(a) 针对横琴SPOT5数据

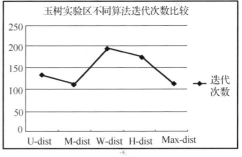

(b) 针对玉树TM数据

图 6-6　基于不同距离度量的 IV-FCM 算法收敛速度比较

　　为了从客观角度验证实验结果，我们在地物复杂区域随机选取了 40 个点进行地面验证，计算了图 6-4 和图 6-5 中所示结果的总体分类精度、Kappa 系数，结果如表 6-2 所示。从表 6-2 统计结果可以看出基于 A-IV-FCM 的分类总体分类精度、Kappa 系数均比 FCM 有了明显提高，基于 A-IV-FCM 的分类结果分类总体分类精度提高了 10%以上、Kappa 系数也有明显提高，这表明本书提出的 A-IV-FCM 聚类的性能与目视判读结果一致，有利于改善遥感影像聚类的效果，进而提高地表覆盖分类的精度。

表 6-2　横琴 SPOT5、玉树 TM 数据 A-IV-FCM 结果客观评价

实验数据	聚类算法	总体分类精度/%	Kappa 系数
横琴 SPOT5	ISODATA	69	0.617
	FCM	75	0.773
	A-IV-FCM	85	0.839
玉树 TM	ISODATA	23	0.055
	FCM	67	0.593
	A-IV-FCM	81	0.807

6.6　本 章 小 结

　　由于遥感影像数据存在不确定性和模糊性，需要考虑各个像元属于各个类别的隶属度，才能更好地区分不同的地物类别，因此，FCM 通常可以获得比 ISODATA 等硬分类方法更好的结果。如果能考虑地物光谱存在的变异性等特点，以遥感影像数据为基础构建自适应伸缩的区间值数据模型，进而设计合适的区间值向量相异度量方法，进而构建面向遥感影像土地覆盖分类的 A-IV-FCM 算法，可以获得比传统 FCM 更好的结果。通过对实验影像数据进行基于传统的 FCM 和 A-IV-FCM 土地覆盖分类分析表明，后者的分类结果很好地区分了不同的地表覆盖类别，尤其是有效消除了类间光谱混叠现象对聚类结果的不利影响，结果明显优于前者，同时 A-IV-FCM 的结果也优于标准的 IV-FCM 算法结果。本章提出的 A-IV-FCM 算法可用于分类精度要求比较高的遥感影像土地覆盖分类。还需要开展进一步的工作：①针对区间值数据建模方法和距离度量公式还需要进一步改进，以对遥感影像的不确定性进行更有效的分析；②研究面向对象的无监督分类，即力图构建影像分割单元的特征区间模型以提高不同类别分割单元的可分性，进而有望实现更可靠的基于高分辨率影像的土地覆盖自动分类，这是第 7 章的重要内容。

第 7 章　像斑综合特征区间建模与遥感影像

土地覆盖无监督分类

本章构建了一种基于高分辨率影像对象（像斑）统计特征的区间模型，提出了一种多维区间最大相异性度量方法，在此基础上提出了一种面向对象的自适应模糊无监督分类算法，通过 3 组影像土地覆盖无监督分类实验验证了算法的有效性和相比于原面向对象无监督分类方法的优势。

7.1　概　　述

上一章研究和讨论了在基于像素的遥感影像非监督分类中的区间建模思想的应用，取得了明显优于 ISODATA 和模糊 C 均值聚类的结果。不过从第 5 章的分析可知，面对高分辨率影像，由于其信息可变性增加，且经常伴有光谱相互影响的现象和更为复杂的背景干扰等，使得基于像素的分类方法往往不能得到理想的结果，而面向对象的影像分类技术可以在一定程度上减少上述影响[152]。不过面向对象方法分类结果依赖于分割的精度和分割单元特征提取和描述。本章针对面向对象分类方法需解决的瓶颈问题之一"分割单元特征提取"和表达的问题，即面向对象的分类中可将更多的特征信息（光谱特征、纹理和空间结构特征等）用于分类却没有对此特征信息空间的一种有效表示方法[70]，设计有效的像斑综合特征区间表达模型以刻画像斑的多特征信息空间，使得这些特征信息在面向对象分类中发挥出其应有的作用。

7.2　影像分割及像斑综合特征区间建模

第 4 章和第 5 章已经讨论了影像分割是面向对象的方法的关键过程和基础。此处我们直接利 4.3 节讨论过的分割策略。

在分割之后，需要提取每个分割单元的特征信息，并利用该特征实现对分割单元（像斑）的分类[70]，而如何刻画分割单元特征以提高不同类别分割单元的分离度非常关键。区间特征具有比均值特征更好的区分度，证明见定理 7-1。如图 7-1 所示，A 和 B 为两个中心重合的对象，若以均值特征 C 来描述对象 A 和 B，则 A 和 B 不可分离。

若以对象 X 轴或 Y 轴的端点坐标构成的区间来描述，通过合适的相异性度量定义，则 A 和 B 有可能区分，将在下一节讨论。

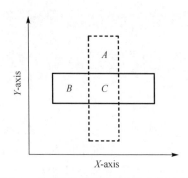

图 7-1　均值相同的不同区间对象示意图

定理 7-1　区间特征具有比均值特征更好的区分度

证明：假设 2 组观测样本：$X = \{x_1, x_2, \cdots, x_n\}$ 和 $Y = \{y_1, y_2, \cdots, y_n\}$，$n$ 为样本的维度，可以求得两者的均值和方差特征分别为：

$$M_x = \frac{1}{n} \sum_{i=1}^{n} x_i, \quad \sigma_x = \left(\frac{1}{n} \sum_{i=1}^{n} (x_i - M_x)^2 \right)^{1/2} \tag{7-1}$$

$$M_y = \frac{1}{n} \sum_{i=1}^{n} y_i, \quad \sigma_y = \left(\frac{1}{n} \sum_{i=1}^{n} (y_i - M_y)^2 \right)^{1/2} \tag{7-2}$$

据此，参考文献[49]讨论的区间值构造方法，可以定义 X 和 Y 的区间特征 $\tilde{X}$ 和 $\tilde{Y}$：

$$\tilde{X} = [\tilde{X}_L, \tilde{X}_R] = [M_x - \alpha \cdot \sigma_x, M_x + \alpha \cdot \sigma_x], \quad \alpha \geq 0 \tag{7-3}$$

$$\tilde{Y} = [\tilde{Y}_L, \tilde{Y}_R] = [M_y - \alpha \cdot \sigma_y, M_y + \alpha \cdot \sigma_y], \quad \alpha \geq 0 \tag{7-4}$$

定义 M_x 和 M_y 及 $\tilde{X}$ 和 $\tilde{Y}$ 之间的欧氏距离：

$$d(M_x, M_y) = \sqrt{(M_x - M_y)^2} \tag{7-5}$$

$$\begin{aligned}
d(\tilde{X}, \tilde{Y}) &= \sqrt{(\tilde{X}_L - \tilde{Y}_L)^2 + (\tilde{X}_R - \tilde{Y}_R)^2} \\
&= \sqrt{[(M_x - M_y) + \alpha \cdot (\sigma_y - \sigma_x)]^2 + [(M_x - M_y) + \alpha \cdot (\sigma_x - \sigma_y)]^2} \\
&= \sqrt{2(M_x - M_y)^2 + 2[\alpha \cdot (\sigma_y - \sigma_x)]^2} \\
&\geq \sqrt{2(M_x - M_y)^2}
\end{aligned} \tag{7-6}$$

定义 X 和 Y 的可区分判别规则如下：

$$\Phi(X,Y) = \begin{cases} d(X,Y) \geq \varepsilon, & \text{可分} \\ \text{else,} & \text{不可分} \end{cases} \tag{7-7}$$

若以 X 和 Y 的均值特征距离判断 X 和 Y 可分，即 $d(M_x, M_y) \geq \varepsilon$，则由式（7-7）可推出 $d(\tilde{X}, \tilde{Y}) \geq \varepsilon$；当 $d(M_x, M_y) = 0$ 时，$d(\tilde{X}, \tilde{Y}) = \sqrt{2[\alpha \cdot (\sigma_x - \sigma_y)]^2}$，若 $\sigma_y \neq \sigma_x$，仍可能有 $d(\tilde{X}, \tilde{Y}) \geq \varepsilon$，也即在相同距离度量概念情况下，区间特征的区分能力更强，证毕。

由此，我们可以以分割单元归一化综合特征为基础构建第 i 个分割单元的区间值特征模型 $\tilde{X}_i$，定义如下：

$$\tilde{X}_i = [X_{i down}, X_i^{up}] = [\mathbf{Mean}_i - \alpha \cdot \boldsymbol{\sigma}_i, \mathbf{Mean}_i + \alpha \cdot \boldsymbol{\sigma}_i] \tag{7-8}$$

其中 $\boldsymbol{\sigma}_i$ 为第 i 个分割单元的标准差向量，$\mathbf{Mean}_i$ 为第 i 个分割单元的归一化均值向量，α 为区间宽度控制因子，$0 < \alpha < 1$，在聚类过程中根据聚类效果自适应调整，详见算法 6-1 描述。考虑到影像灰度值为非负，当 $X_{i down}$ 小于 0 时重置其值为 0。由定理 2 可得出 $\tilde{X}_i$ 的物理意义在于 $\mathbf{Mean}_i$ 不同的分割单元显然对应不同的区间，不会削弱原有的可区分度；对于相等的 $\mathbf{Mean}_i$，如果分割单元 $\boldsymbol{\sigma}_i$ 不同，则对应的区间也不一样，从而提高了光谱近似影像分割单元对象的可分离度。

接着构建该分割单元（像斑）特征的区间模型来表征该分割单元，则原有分割单元的集合 $S = \{B_1, B_2, \cdots, B_n\}$（定义见式（4-20））可表示为：

$$S = \{\tilde{X}_1, \tilde{X}_2, \cdots, \tilde{X}_n\} \tag{7-9}$$

其中，$\tilde{X}_i$ 表示分割单元 B_i 的特征矢量区间模型（定义见式（7-8）），n 为分割单元的个数。

7.3　像斑综合特征区间向量的相异性度量

上一章通过多组实验验证了区间值向量相异性度量在遥感影像土地覆盖分类中的重要性，考虑到同一地物反射光谱在遥感影像的不同波段的显著差异，本章在 Hausdorff 距离定义[86]的基础上，提出了一种多维区间最大相异性度量方法，即每个样本像斑与某个聚类原型的距离取各维距离的最大值：

假定第 i 个像斑区间特征向量 $\tilde{X}_i = (\tilde{x}_{i1}, \tilde{x}_{i2}, \cdots, \tilde{x}_{iq})^{\mathrm{T}}$ 和第 k 个聚类原型 $\tilde{Y}_k = (\tilde{y}_{k1}, \tilde{y}_{k2}, \cdots, \tilde{y}_{kq})^{\mathrm{T}}$，其中 $\tilde{x}_{ij} = [a_{ij}, b_{ij}], j = 1, \cdots, q$，$\tilde{y}_{kt} = [\alpha_{kt}, \beta_{kt}], t = 1, \cdots, q$。则 $\tilde{X}_i$ 和 $\tilde{Y}_k$ 的距离 $D(\tilde{X}_i, \tilde{Y}_k)$ 定义如下：

$$D(\tilde{X}_i, \tilde{Y}_k) = \lambda \cdot \max\{D\_\text{Hausdorff}_j\}, j = 1, \cdots, q \tag{7-10}$$

其中 $\lambda > 1$ 为距离修正因子，以确保小于 1 的距离值的可比性，$D\_\text{Hausdorff}_j = \max(|a_j - \alpha_j|, |b_j - \beta_j|)$。可以验证，该定义满足距离函数定义的 3 个性质：非负性、

对称性和三角不等式。其物理意义在于最大的距离表征了像斑 $\tilde{X}_i$ 与聚类原型 $\tilde{Y}_k$ 最大的可区分度，所得的 $D(\tilde{X}_i\tilde{Y}_k)$ 的最小值对应的 $\tilde{Y}_k$ 即为 $\tilde{X}_i$ 最大可能归属的聚类原型。

7.4　实验设计

7.4.1　实验数据描述

我们选取了 3 个实验数据，其中 2 个选自土地覆盖较为复杂的珠三角地区（广东省珠海市农业用地集中区和养殖区密集的中山神湾区）SPOT5 卫星影像数据，该数据获取时间是 2007 年 12 月 3 日，包括多光谱谱段的 4 个波段（10m 分辨率），波谱范围为 0.43~0.89μm 的可见光和近红外波段；第 3 个实验数据选自北京市昌平区沙河水库附近 SPOT5 多光谱影像。如图 7-2(a)（686×766 像素），图 7-3(a)（400×400 像素）和图 7-4(a)（600×800 像素）（见彩图）显示即为各实验数据原 1、2、3 波段组合的 RGB 图。

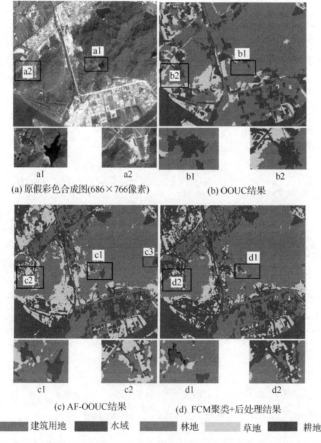

图 7-2　基于 AF-OOUC 与 OOUC 及 FCM 聚类的珠海 SPOT5 影像土地覆盖分类结果

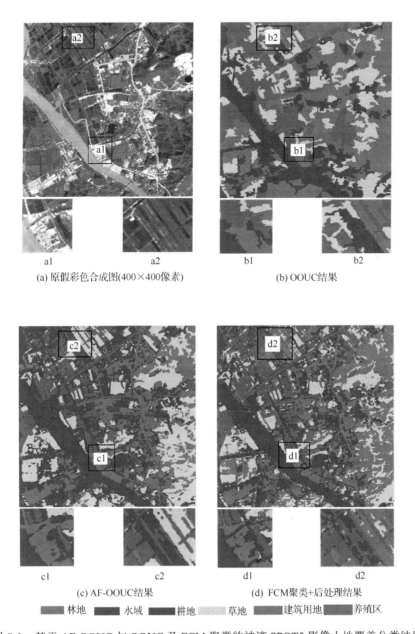

(a) 原假彩色合成图(400×400像素)　　　　(b) OOUC结果

(c) AF-OOUC结果　　　　　　　(d) FCM聚类+后处理结果

■林地　■水域　■耕地　■草地　■建筑用地■养殖区

图 7-3　基于 AF-OOUC 与 OOUC 及 FCM 聚类的神湾 SPOT5 影像土地覆盖分类结果

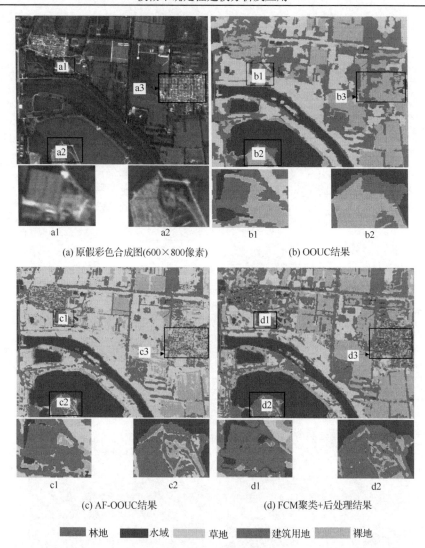

(a) 原假彩色合成图(600×800像素)　　　　　　(b) OOUC结果

(c) AF-OOUC结果　　　　　　　　　(d) FCM聚类+后处理结果

　　林地　　　　水域　　　　草地　　　　建筑用地　　　　裸地

图 7-4　基于 AF-OOUC 与 OOUC 及 FCM 聚类的神湾 SPOT5 影像土地覆盖分类结果

7.4.2　面向对象的自适应模糊无监督分类算法

算法 7-1：面向对象的自适应模糊无监督分类算法（adaptive fuzzy oriented object unsupervised classification，AF-OOUC）

Step1：构建分割单元集合的特征区间向量 $\boldsymbol{S} = \left\{ \tilde{\boldsymbol{X}}_1, \tilde{\boldsymbol{X}}_2, \cdots, \tilde{\boldsymbol{X}}_n \right\}$，采用式（7-10）的定义；

Step2：初始化聚类中心；

参考第 6 章提出的初始化聚类中心的方法，从分割单元集合的特征区间向量 $S = \left\{ \tilde{X}_1, \tilde{X}_2, \cdots, \tilde{X}_n \right\}$ 中选择 k 个参考点 $CVS_1, CVS_2, \cdots, CVS_k$，作为初步划分结果集合 $Z_1, Z_2, \cdots, Z_k$ 的聚类中心。

Step3：基于多维区间最大相异性度量方法（见式（7-10））进行聚类：

以 $CVS_1, CVS_2, \cdots, CVS_k$ 为基准，对集合 S 中所有区间元素进行归类，其归类的标准为：

得到和 k 个聚类中心的最短距离：

$$D_{im} = \min \left\{ D_{i1}, D_{i2}, \cdots, D_{ik} \right\}, \quad 1 \leqslant m \leqslant k \tag{7-11}$$

则将 $\tilde{X}_i$ 划分到距离为 D_{im}（即分割单元 i 和第 m 个聚类中心的相异性最小）对应的集合 Z_m 中。

Step4：重新更新各个模糊划分的聚类中心：

$$CVS_j^* = \frac{1}{\|Z_i\|} \sum_{j=1}^{\|Z_i\|} VS_{ij}, \quad VS_{ij} \in Z_i \tag{7-12}$$

Step5：计算类内平方误差和更新 α：

$$E = \sum_{i=1}^{k} \sum_{j=1}^{\|Z_i\|} D(VS_{ij}, CVS_j^*), \quad VS_{ij} \in Z_i \tag{7-13}$$

根据 E 和式（4-15）更新 α。

$$\alpha = f(E) = 1 - 0.99 \exp(-1.5 \cdot E^2) \tag{7-14}$$

Setp6：若 $E \leqslant \varepsilon$，则终止算法，否则转到 Setp2。其中 $\varepsilon = 10^{-5}$。

7.4.3　实验流程

本实验流程如图 7-5 所示，首先，影像分割，得到一系列空间上相邻、同质性较好的分割单元（像斑）；接下来基于像斑综合特征进行像斑区间特征建模；接着进行面向对象的区间特征的自适应模糊无监督分类（AF-OOUC）算法步骤见 7.4.2 节算法 7-1，是本章的核心技术方法）。最后通过对聚类结果进行基于先验知识和目视判读等的类别合并等分类后处理，得到最终的分类结果。

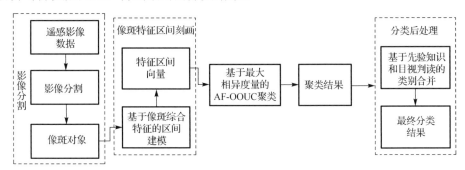

图 7-5　基于面向对象区间建模的遥感影像无监督分类技术流程

根据对原影像的目视判读和野外采集数据，参照 CORINE 土地覆被分类系统，我们对区间聚类结果进行了基于先验知识和目视判读等的类别合并，以实现直接基于遥感影像进行识别的高级别土地覆盖分类[178]，类别组成见表 7-1。我们同时对实验数据进行了原面向对象非监督分类（OOUC）和 FCM 的对比实验（在文献[70]中，已经验证了在类别数为 4 的情况下，面向对象非监督分类结果优于传统的 FCM 聚类），此处我们比较类别数为 5 和 6 时不同方法的处理结果。

表 7-1　神湾、昌平 SPOT5 数据土地覆盖类别描述

实验数据	土地覆盖	描述
珠海 SPOT5	建筑用地	城镇、建筑工地、居民点、公路等
	水域	河流、鱼塘、水库等
	耕地	果园、菜地等
	林地	天然林、人工林等
	草地	草坪、田间杂草、低矮灌木丛等
神湾 SPOT5	林地	天然山林和人工林
	水域	河流
	草地	田间草、杂草丛生的耕地等
	建筑用地	村落、建筑工地等
	养殖区	水库、鱼塘等
	耕地	果园地、菜地等
昌平 SPOT5	水域	河流、水库
	林地	天然山林和景观林木等
	裸地	稀疏草地、已收割耕地等
	草地	茂密草地、其他绿化地
	建筑用地	建筑群、村落等

7.5　结果及分析

参照实验原影像数据，可以看出 OOUC 和 AF-OOUC 的聚类结果，如图 7-2～图 7-4所示，都得到了聚集性较好的不同地表覆盖类别，且各个地物类别边界基本清晰。而AF-OOUC 与 OOUC 相比，前者更好地刻画了分割单元的特征，对分割结果的依赖大大降低，对光谱近似的类别的区分能力更强，得到了更准确的类别划分，地物类别越复杂，该优势越明显：典型的如对于图 7-2 中林间水库（见图 7-2 中 a1），其光谱不均且部分与林地光谱近似，OOUC 结果中部分水库淹没到林地类之中（见图 7-2 中 b1），FCM 则同样未能识别出如图 7-2 中 c3 所标示的水库；而 AF-OOUC 的结果中水体和林地类划分清楚准确。类似的，对于各类地物集中地区域（如图 7-2 中 a2 所示），OOUC结果错分明显，而 AF-OOUC 算法则很好地区分了耕地与建筑用地类，水体与林地，林地和其他绿地的区分也清晰准确（见图 7-2 中 c2）。图 7-3 中的区域 2（见图 7-3 中 a2）

养殖区、耕地、林地和草地交错分布，AF-OOUC 很好地划分了各个类别（见图 7-3 中 c2），而 OOUC 结果图中，受到分割结果精度的限制，小面积的养殖区和草地类没有从邻近大类中分离开来（见图 7-2 中 b2）。对于图 7-4 中的光谱近似的草地和林地（见图 7-4 中 a1），建筑用地和裸地（见图 7-4 中 a2），AF-OOUC（如图 7-4 中 c1 和 7-4 中 c2 所示）的区分能力明显优于 OOUC（如图 7-4 中 b1 和 7-4 中 b2 所示），同样优于经典 FCM（如图 7-4 中 d1 和 7-4 中 d2 所示）。而由于 OOUC 利用分割单元均值作为类别特征，使得该算法具有较强的平滑作用，从而在细节丰富的区域的划分性能不及 FCM，这也说明了面向对象方法适于定性分析，基于像素的方法可以得到定量的结果，下一步工作将在区间建模基础上，研究将此 2 种方法有机结合运用的分类策略。

为了从客观角度验证实验结果，我们同样在地物复杂区域选取了 13121 个点进行地面验证，计算了图 7-2～图 7-4 中所示结果的误差矩阵、总体分类精度、Kappa 系数，结果如表 7-2～表 7-5 所示。从表 7-2 统计结果可以看出 AF-OOUC 的分类总体分类精度、Kappa 系数均比 OOUC 有了明显提高，这表明基于分割单元综合特征区间建模和多维区间值向量最大相异度量的 AF-OOUC 聚类的性能与目视判读结果一致，有利于改善高分辨率遥感影像聚类效果，进而提高地表覆盖分类的精度，可满足更精细分类的需要。而且算法复杂度与 OOUC 在同一数量级，计算性能相当，在改善分类效果的同时并没有明显增加计算复杂度。

表 7-2　AF-OOUC 与 OOUC 用于珠海实验区的误差矩阵比较

土地覆盖类别	AF-OOUC							OOUC						
	参考数据					行和	用户精度/%	参考数据					行和	用户精度/%
	Wo	Wa	F	B	G			Wo	Wa	F	B	G		
林地（Wo）	1058				135	1193	88.68	1073	191			259	1523	70.45
水域（Wa）	13	840				853	98.48		546		23		569	95.96
Farmland(F)			414	79	64	557	74.33			103	453	335	891	50.84
建筑用地（B）			31	1767		1798	98.28				1488		1488	100.00
草地（G）	201		42		862	1105	78.01	199		34		802	1035	77.49
列和	1272	840	487	1846	1061	5506		1272	840	487	1846	1061	5506	
生产者精度/%	83.18	100	85.01	95.72	81.24			84.36	65.00	93.02	90.61	75.59		

表 7-3　AF-OOUC 与 OOUC 用于神湾实验区的误差矩阵比较

土地覆盖类别	AF-OOUC								OOUC							
	参考数据						行和	用户精度/%	参考数据						行和	用户精度/%
	Wo	Wa	G	B	M	F			Wo	Wa	G	B	M	F		
林地（Wo）	398	15	21			4	438	90.87	378		101				479	78.91
水域（Wa）	21	499			23		543	91.90		482			37		519	92.87

续表

土地覆盖类别	AF-OOUC								OOUC							
	参考数据							用户精度/%	参考数据							用户精度/%
	Wo	Wa	G	B	M	F	行和		Wo	Wa	G	B	M	F	行和	
草地（G）	56		670		8	36	770	87.01	39		580		8	36	663	87.48
建筑用地（B）				773		13	786	98.35				715		23	738	96.88
养殖区（M）		42			182		224	81.25	15	74			168		257	65.37
耕地（F）			23	31		366	420	87.17	43		33	89		360	525	68.57
列和	475	556	714	804	213	419	3181		475	556	714	804	213	419	3181	
生产者精度/%	84	90	93.84	96.14	85.45	87.35			79.58	86.69	81.23	88.93	78.9	85.9		

表 7-4　AF-OOUC 与 OOUC 用于昌平实验区的误差矩阵比较

土地覆盖类别	AF-OOUC						用户精度/%	OOUC						用户精度/%
	参考数据							参考数据						
	Wa	U	Wo	G	B	行和		Wa	U	Wo	G	B	行和	
水域（Wa）	1538		67		64	1669	92.15	1538		13		135	1686	91.22
未利用地（U）		700		132	107	939	74.55		725	53	193	345	1316	55.09
林地（Wo）			336	56	0	392	85.71			326	56		382	85.34
草地（G）			23	598	0	621	96.30			34	537		571	94.05
建筑用地（B）		117			696	813	85.61		92			387	479	80.79
列和	1538	817	426	786	867	4434		1538	817	426	786	867	4434	
生产者精度/%	100	86	78.87	76.08	80.28			100	88.74	76.53	68.32	44.64		

表 7-5　OOUC、AF-OOUC 和 FCM 总体统计结果比较

实验数据	聚类算法	总体分类精度/%	Kappa 系数	耗时/s
珠海 SPOT5	OOUC	79.22	0.792	13.45
	AF-OOUC	89.74	0.897	13.99
	FCM	76.23	0.752	
神湾 SPOT5	OOUC	84.34	0.810	4.37
	AF-OOUC	90.79	0.886	4.43
	FCM	74	0.683	
昌平 SPOT5	OOUC	79.23	0.727	13.12
	AF-OOUC	87.24	0.832	13.24
	FCM	82	0.788	

7.6　本 章 小 结

　　高分辨率遥感影像细节的增加增大了类别区分的难度和计算复杂度，若能够以影像分割单元为基础构建合理的区间值数据模型，进而设计能实现此种具有多波段性特点的区间值数据最大可分离度的相异度量方法和适应于高分辨率遥感影像土地覆盖分类的聚类算法，将会很好地改善面向对象无监督分类方法在遥感影像土地覆盖无监督分类领域的应用效果。本章通过对 3 组遥感影像数据进行基于像斑综合特征区间建模和多维区间最大相异性度量定义的自适应模糊无监督分类分析表明，AF-OOUC 方法的结果很好地区分了不同的土地覆盖类别，尤其是很大程度上消除了类内光谱异质现象对聚类结果的不利影响；同时针对原面向对象的无监督分类方法结果显著依赖影像分割精度的问题，AF-OOUC 方法通过引入自适应区间控制因子降低了此种依赖，进一步提高了面向对象方法的分类精度。

第 8 章　区间二型模糊 C 均值聚类与遥感影像
土地覆盖自动分类

本章基于模糊指数的不确定性构建了面向遥感影像土地覆盖分类的二型模糊集，提出了区间二型模糊 C 均值聚类算法。在此基础上进行多组遥感影像自动分类实验，结果验证了二型模糊集控制多光谱遥感影像类别模糊不确定性的优秀能力。

8.1　概　　述

从前面章节描述可知，作为软聚类法的 FCM 方法，往往能得到较好的结果。但是如果模式集各簇具有显著的密度差异，FCM 的效果随着模糊指数的不同呈现显著差异，因此基于 FCM 的算法在处理具有较大密度差异性和不确定性的遥感影像时难以得到满意的结果[179,180]。相比一型模糊集，由于其隶属度函数为三维分布，二型模糊集可以更好的处理实际事务的不确定性问题，因而自提出伊始就备受青睐[181,182]，其中模糊逻辑运算复杂性大大简化的区间二型模糊集的应用尤为广泛[183,184]，特别是在图像处理和模式识别领域[185]。

如第 2 章所述，二型模糊集是一型模糊集的扩展，其中包括了对一型模糊集基本概念的扩展以及集合间运算算子的扩展[12]。可以通过二型模糊集实现对影像进行"准纯样本"到"模糊样本"的转化，因此，二型模糊集在模糊不确定性显著且波段较少的遥感影像土地覆盖分类中上具有很大优势，将成为获取遥感专题信息的重要发展方向。

针对遥感影像模式集的固有不确定性，本章开展基于区间二型模糊集的遥感影像无监督分类研究。

本章在第 4 章模糊 C 均值聚类的关键影响因子分析的基础上，基于模糊指数的不确定性构建面向遥感影像土地覆盖分类的二型模糊集。在此基础上进行基于区间二型模糊 C 均值聚类算法的多组遥感影像土地覆盖自动分类实验。

8.2　区间二型模糊集的中心

同 FCM（见图 8-1）一样，中心的计算是区间二型模糊 C 均值最为关键的一步。为了阐述区间二型模糊 C 均值算法，首先介绍二型模糊集中心的定义及计算。

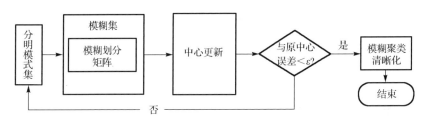

图 8-1　一型模糊 C 均值聚类算法流程图

8.2.1　区间二型模糊集中心的定义

式（4-10）定义了在模糊指数 m 下，一型模糊集合的中心。一个由 n 个离散点 $x_1, x_2, \cdots, x_n$ 组成的论域上的二型模糊集 $\tilde{X}$ 的中心计算方法可通过扩展一型模糊集的中心法则得到：

定义二型模糊集的中心 $v_{\tilde{X}}$：

$$v_{\tilde{X}} = \sum_{u(x_1) \in J_{x_1}} \cdots \sum_{u(x_n) \in J_{x_n}} [f(u(x_1)) \times \cdots \times f(u(x_n))] \Bigg/ \frac{\sum_{i=1}^{n} u(x_i)^m x_i}{\sum_{i=1}^{n} u(x_i)} \tag{8-1}$$

因为次隶属度均为 1，所以区间二型模糊集的中心可简化为：

$$v_{\tilde{X}} = [v_L, v_R] = \sum_{u(x_1) \in J_{x_1}} \cdots \sum_{u(x_n) \in J_{x_n}} 1 \Bigg/ \frac{\sum_{i=1}^{n} u(x_i)^m x_i}{\sum_{i=1}^{n} u(x_i)} \tag{8-2}$$

其中 m 是模糊指数。

Mendel 详细介绍了上述公式的推导过程[186]，在此不再赘述。对论域 $X = x_1, x_2, \cdots, x_n$ 而言，若根据定义直接计算二型模糊集的中心，则要进行 $\prod_{i=1}^{n} \mathrm{Card}(J_{x_i})$（Card 表示基数）此中心计算才能确定模糊集的中心；若根据定义直接计算区间二型模糊集的中心，可降低计算中心的次数为 $\prod_{i=1}^{n} 2 = 2^n$。尽管计算复杂度有了很大的降低，但仍是一个指数级的复杂度，难以应用到生产实际当中，因此需要采用合适的策略来计算区间二型模糊集的中心，详见下节。

8.2.2　区间二型模糊集中心的计算

要求解式（8-1）和式（8-2），令 $w_i = u(x_i)^m$，也就是要解决如下问题：

$$y_l = \min_{\forall w_i \in [\underline{w}_i, \overline{w}_i]} \frac{\sum_{i=1}^N x_i w_i}{\sum_{i=1}^N w_i} \tag{8-3}$$

$$y_r = \max_{\forall w_i \in [\underline{w}_i, \overline{w}_i]} \frac{\sum_{i=1}^N x_i w_i}{\sum_{i=1}^N w_i} \tag{8-4}$$

令

$$f(w_1, \cdots, w_N) = \frac{\sum_{i=1}^N x_i w_i}{\sum_{i=1}^N w_i} \tag{8-5}$$

则上述问题转变为求关于 $w_1, \cdots, w_N$ 的多元函数 f 的极值问题，很自然地想到求 f 关于 w_k 的偏导数：

$$\frac{\partial f(w_1, \cdots, w_N)}{\partial w_k} = \frac{x_k - f(w_1, \cdots, w_N)}{\sum_{i=1}^N w_i} \tag{8-6}$$

因 $\sum_{i=1}^N w_i > 0$，则有

$$x_k > f, \quad w_k \nearrow \Rightarrow f \nearrow \wedge w_k \searrow \Rightarrow f \searrow \tag{8-7}$$

$$x_k < f, \quad w_k \nearrow \Rightarrow f \searrow \wedge w_k \searrow \Rightarrow f \nearrow \tag{8-8}$$

其中，$\nearrow$ 符号表示增加，$\Rightarrow$ 符号表示蕴含，$\wedge$ 表示逻辑与。

因此，只需要根据模式与聚类中心的相似性度量值来选择隶属度区间的上界和下界来计算，即可完成式（8-1）和式（8-2）的计算，接着可以用 Karnik-Mendel 算法[187,188] 计算 v_l, v_r，进而得到区间二型模糊集的中心为：

$$v_j = 1.0 / [v_l, v_r] \tag{8-9}$$

v_j 仍是一个模糊集（一型模糊集），可以采用均值法去模糊化，方法如下：

$$v_j = \frac{v_l + v_r}{2} \tag{8-10}$$

以这个新的中心对模式集重新生成区间二型模糊集，迭代计算区间二型模糊集的中心，就得到了类似于一型模糊 C 均值聚类迭代的区间二型模糊 C 均值聚类算法，从第 2 章阐述已知，Karnik-Mendel（KM）算法是一种广泛应用的通过计算质心实现降型的算法，但计算复杂度大。Wu 等 2009 年在此基础上提出了 EKM（Enhanced Karnik-Mendel）算法[189,190]，不过未能从根本上降低 KM 算法的时间复杂度，本书第 9 章将探索简单高效的降型方法，KM 算法不作为本书讨论重点。

8.3　遥感影像自动分类实验

本章基于模糊指数区间构建面向遥感影像土地覆盖分类的二型模糊集，进而展开基于 IT2FCM 的影像自动分类实验，其技术路线如图 8-2 所示。

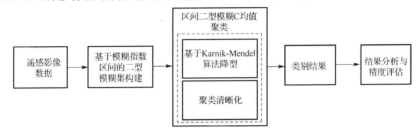

图 8-2　基于区间二型模糊 C 均值聚类算法的遥感影像土地覆盖自动分类

8.3.1　基于模糊指数构建面向遥感影像土地覆盖分类的区间二型模糊集

FCM 算法中模糊隶属度的计算根据式（4-9），用两个模糊指数，把一型模糊集扩展为区间二型模糊集，很自然地可以用式（8-3）和式（8-4）确定模糊隶属度的上界和下界构造 J_x，把一个一型模糊 C 划分扩展为一个二型模糊 C 划分，从而把一型模糊集扩展为二型模糊集。Rhee 提出的区间二型模糊 C 均值聚类算法就是这种特例[190]。

$$\underline{u}_j \boldsymbol{x}_i = \min \left(\frac{1}{\sum_{k=1}^{c}\left(\frac{d_{ji}}{d_{ki}}\right)^{\frac{2}{m_1-1}}}, \frac{1}{\sum_{k=1}^{c}\left(\frac{d_{ji}}{d_{ki}}\right)^{\frac{2}{m_2-1}}} \right) \quad (8\text{-}11)$$

$$\overline{u}_j(\boldsymbol{x}_i) = \max \left(\frac{1}{\sum_{k=1}^{c}\left(\frac{d_{ji}}{d_{ki}}\right)^{\frac{2}{m_1-1}}}, \frac{1}{\sum_{k=1}^{c}\left(\frac{d_{ji}}{d_{ki}}\right)^{\frac{2}{m_2-1}}} \right) \quad (8\text{-}12)$$

8.3.2　基于模糊指数不确定性的区间二型模糊 C 均值算法

算法 8-1：基于模糊指数不确定性的区间二型模糊 C 均值算法（Interval-valued type 2 fuzzy C-means clustering based on fuzzifiers uncertainty with type reduction by Karnik-Mendel, KM-IT2FCM）

Step1：确定聚类数 c 和模糊指数 $m, m_1, m_2 (1 < m, m_1, m_2 < \infty)$，$\varepsilon(\varepsilon > 0)$ 模糊划分函数设置 $V_i^0 (1 \leqslant i \leqslant c)$，逐步迭代，$t = 0$；

Step2：以 V^t 为中心，用式（8-9）和式（8-10）计算隶属度矩阵 $\underline{U},\overline{U}$；

Step3：用 Karnik-Mendel 算法计算 v_l 和 v_r，令 $V^t=\dfrac{v_l+v_r}{2}$；

Step4：如果 $\left\|V^{t+1}-V^t\right\|<\varepsilon$，转下一步，否则 $t=t+1$ 转向 Step2；

Step5：得到最终的聚类中心和隶属度矩阵，按最大隶属度原则将模糊划分清晰化。

其流程图如图 8-3 所示，其关键在于选取合适的 m_1,m_2，本章实验中选取 $m_1=2$，$m_2=10$。模糊划分清晰化后即得到区间二型模糊聚类的结果，最后进行适当聚类后处理得到最终分类结果。

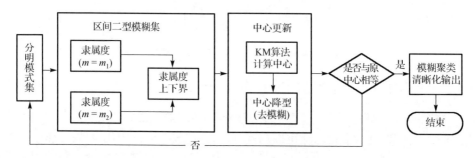

图 8-3 基于模糊指数不确定性的区间二型模糊 C 均值聚类算法

8.3.3 数据的选取

第 1 个实验数据为广东省珠海市横琴地区 1999 年 11 月 15 日获取的 TM 多光谱数据，空间分辨率为 30m，像素位深为 8bit，大小为 795×452 像素。影像地物主要包括植被（草地、林地等）、清澈水体、浑浊水体、滩涂、建筑用地（住宅、道路、机场），及养殖区（养蚝场、水淹稻田）。我们提取（4,3,2）波段组合作为（R,G,B）通道组成的标准假彩色图像作为待分类图像，如图 8-4(a)所示。本数据同一像元所表示的地物较多，因此影像数据具有较强的不确定性。图中的山体植被的数据（红色区域），呈现较为明显的明暗变化，即植被数据分布在一个以偏红色为中心的一个相对较大的超球面内；而水体的数据主要表现为青色区域，建筑数据主要为白色区域，相对而言比较均匀，数据分别分布在相对较小的超球面内。这种情况下，随着 m 的不同，分类结果会出现较为明显的差异。因此一型模糊 C 均值聚类方法难以得到满意的结果，而区间二型模糊 C 均值可得到较为满意的结果。第 2 个实验数据选自地形复杂、植被较为稀疏的青海玉树附近，实验数据描述见本书 6.5.3 节，为方便结果判读比较，此处依旧给出原影像假彩色合成图，如图 8-5(a)所示。

8.3.4　实验结果及分析

1. 广东省横琴 TM 实验数据分类结果

本实验的重点是比较不同模糊指数情况下 FCM 与 KM-IT2FCM 的性能。设定聚类数 $c = 6$，采用 K-MEANS、ISODATA 及 $m = 2, m = 3, m = 5, m = 10$ 的 FCM 和 KM-IT2FCM 对实验数据进行聚类，其中距离均采用欧氏距离，KM-IT2FCM 的中心计算参数 $m = 3$，2 个不同模糊指数 $m_1 = 2, m_2 = 10$，得到的聚类结果分别如图 8-4(b)～(f)所示（见彩图）。分类精度和 Kappa 系数对比见表 8-1。

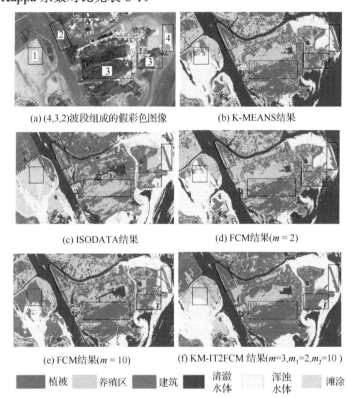

(a) (4,3,2)波段组成的假彩色图像　　　(b) K-MEANS结果

(c) ISODATA结果　　　(d) FCM结果($m = 2$)

(e) FCM结果($m = 10$)　　　(f) KM-IT2FCM 结果($m=3, m_1=2, m_2=10$)

植被　　养殖区　　建筑　　清澈水体　　浑浊水体　　滩涂

图 8-4　KM-IT2FCM 与 ISODATA 及不同模糊指数下的 FCM 对广东横琴 TM 实验数据处理结果比较

区域 1 所示为一部分滩涂，其光谱特征与建筑用地具有相似性，K-MEANS 方法和不同参数的 FCM 方法均把这部分区域错分为建筑用地；ISODATA 方法和 KM-IT2FCM 方法均成功地识别了这部分滩涂，但 KM-IT2FCM 方法的边界划分更好。区域 2 所示为植被，K-MEANS 方法和模糊指数值较小的 FCM 方法将水体边缘植被错分为养殖区，ISODATA 方法结果则显示植被与养殖区交错分布，把大量的植被和水体错分为养殖区，而 KM-IT2FCM 方法仅把少量的水体错分为养殖区。区域 3 所示为山

体上的植被，ISODATA 方法把大量的植被错分为养殖区，K-MEANS 结果与模糊指数值较小的 FCM 结果类似，对比不同模糊指数的 FCM 方法分类结果和 KM-IT2FCM 分类结果，随着 m 的不同，FCM 分类结果呈现出较明显的差异。当 m 取较小值时，分类具有较低的模糊性，而区域中植被的光谱具有明显的明暗变化，导致 FCM 存在较多的错分；当 m 取较大值时，分类具有较高的模糊性，山体上的植被错分现象明显减少，但是由于聚类过于模糊导致山体植被的边界不清晰。可以看出随着 m 的取值变化，FCM 聚类方法均难以得到满意的结果。而 KM-IT2FCM 不仅成功地识别了带有明显明暗变化的山体植被主体，而且其边界也很清晰。区域 4 为澳门机场，其余各方法对机场划分结果都存在较多明显的孤立分类点，而 KM-IT2FCM 所得结果孤立点明显较少，所得类别连续性明显改善。

表 8-1　不同方法对横琴 TM 数据聚类结果的客观评价

所用方法	分类精度/%	Kappa 系数
K-Means	54.24	0.4381
ISODATA	69.49	0.6170
FCM(m=2)	57.63	0.4760
FCM(m=3)	57.63	0.4764
FCM(m=5)	67.80	0.6006
FCM(m=10)	61.02	0.5166
KM-IT2FCM	81.36	0.7670

从表 8-1 的客观评价结果可知，FCM 的聚类精度和 Kappa 系数受模糊指数的影响明显，聚类精度和 Kappa 系数的高低与 m 的大小不存在单调关系。KM-IT2FCM 的分类精度和 Kappa 系数均得到了大幅提高，与目视解读结果一致，能较明显地改善 TM 遥感影像数据的聚类结果，进而提高分类精度。

2. 玉树附近 TM 数据分类结果

本实验重点在比较不同距离度量定义下的 FCM 和 KM-IT2FCM 的性能。此处只设了 4 个类别，包括水体、植被（林地和山谷草地）、农用地（耕地、村落和稀疏草甸）和未利用地，其他类别描述见表 6-2。如图 8-5(a)（见彩图）上方白色框内部蓝色和青色区域是积雪，左侧和右侧方框为植被，下方框蓝色部分为河流，分布在河流两岸的较亮部分为农用地。我们图 8-5(b)为 ISODATA 结果，图 8-5(c)为 K-Means 结果，图 8-5(d)为基于 Euclidean 距离 FCM 结果，从图中可以看出四个部分都存在明显的错分，不仅没有识别出雪地，而且还把河流和植被分成同一类了；图 8-5(e)为基于 Cosine 距离的 FCM 结果，各个部分边界区分较好，但是主体部分存在较多错分。图 8-5(f)为基于马氏距离的区间二型模糊 C 均值分类结果，不仅边界的处理上具有 Cosine 距离处理的优点，同时主体部分也比 Cosine 距离清晰，目视效果明显较好。从目视上分析，ISODATA 方法对植被的识别较好，对其他三个类别的识别较差，尤其是对水体、雪地和农用地类别识别基本失败，K-Means 方法的结果与 ISODATA 方法类似，表 8-2 为客观评价比较，从客观评价分析，IT2FCM 的结果的精度和 Kappa 系数远远优于 K-Means 方法和 ISODATA 方法。

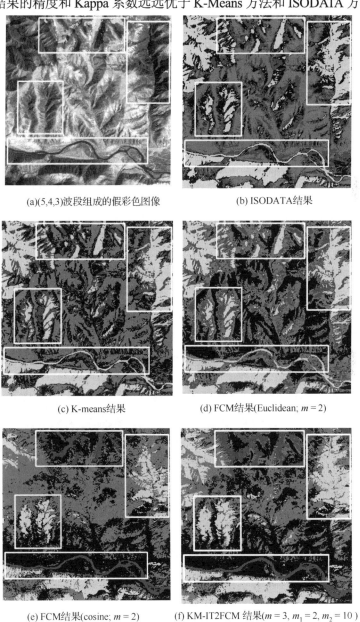

(a)(5,4,3)波段组成的假彩色图像　　　　　(b) ISODATA结果

(c) K-means结果　　　　　(d) FCM结果(Euclidean; $m = 2$)

(e) FCM结果(cosine; $m = 2$)　　(f) KM-IT2FCM 结果($m = 3$, $m_1 = 2$, $m_2 = 10$)

████ 未使用土地　░░ 植被　▓▓ 水体,雪地　██ 农用地

图 8-5　基于 K-Means、ISODATA 及基于 KM 降型的 IT2FCM 的玉树分类结果

表 8-2　对玉树 TM 数据聚类结果的客观评价

实验方法	分类精度/%	Kappa 系数
K-Means	28.57	0.0222
ISODATA	22.45	0.0550
FCM: Euclidean; $m=2$	51.02	0.3295
FCM: Cosine; $m=2$	69.39	0.5535
DIT2FCM: Euclidean&Cosine	76.67	0.7309

从上面两组实验结果的分析可知，本章的区间二型模糊 C 均值方法在处理具有较大密度差异的数据时，分类结果比 FCM 及 K-MEANS 方法和 ISODATA 方法的分类结果有较大的改进，适应解决"同物异谱"现象造成的错分问题，且方法抗干扰能力较好，在目标地物光谱受邻域光谱影响时，与本章验证的其他方法相比能得到更加连续的区域和准确的边界。结果同时再次验证了在各个类别密度不均时，FCM 受到模糊指数和距离度量定义的影响明显。

8.4　本 章 小 结

本章的多组实验结果表明，在模式集为具有相近超球面形状的体积和密度的簇时，基于 FCM 的方法效果好；但是如果模式集各簇具有显著的密度差异，FCM 的效果根据模糊指数的不同呈现显著差异[27]，且在处理具有较大密度差异性和不确定性的遥感影像时难以得到满意的结果。因此本章把区间二型模糊集引入到遥感影像自动分类中，首次将区间二型模糊集与遥感影像无监督分类结合起来，实现了无任何先验知识条件下的遥感影像自动分类。与基于传统 K-MEANS 和 ISODATA 及 TIFCM 的影像自动分类方法相比，KM-IT2FCM 具有如下优势：传统的 TIFCM 以一个确定的模糊指数计算隶属度，处理遥感影像的不确定性能力较弱，对于具有密度差异的遥感影像的处理难以取得理想结果，而将区间二型模糊集引入到遥感影像自动分类中，提高了处理不确定性的能力，且区间二型模糊 C 均值聚类方法在处理具有密度差异的遥感影像时，结果较基于一型模糊 C 均值的结果有了明显改进。从实验分析可知，本章方法适应解决"同物异谱"造成的错分问题且抗干扰能力较好。不过本章方法没有区分实验数据中草地和林地或光谱近似的耕地和水体，难以解决"同谱异物"现象造成的错分问题。迭代过程比一型模糊 C 均值的迭代过程复杂，在应用到一些实时的系统中，需要进一步改进算法的效率，这将在下一章探讨。

第9章 自适应区间二型模糊聚类与遥感影像土地覆盖自动分类

本章提出了一种基于样本集模糊距离度量的区间二型模糊集构建方法,此方法无需依赖任何专家知识,符合遥感影像自动分类的要求;针对第 8 章降型时间复杂度大的问题,采用一种自适应探求等价一型代表集的高效降型方法,在此基础上提出自适应区间二型模糊聚类算法,实验结果表明可以获得更好的影像自动分类结果。

9.1 概　　述

如前所述,相比一型模糊集,由于其隶属度函数为三维分布,二型模糊系统可以更好地处理实际事务中的不确定性问题。而将区间二型模糊系统应用到实际中,首先须结合具体对象,构造合理的区间二型模糊集[191]。在模式识别领域中,Zeng 等[84]通过取一维高斯分布的均值 μ 和方差 σ 构建隶属函数区间 $\tilde{\mu}=[\underline{\mu},\overline{\mu}]=[\mu-k\sigma,\mu+k\sigma]$,$k \in [0,3]$,此方法有两个假设:隶属函数为高斯分布和一维高斯分布能量集中在 $[\mu-3\sigma,\mu+3\sigma]$,而该假设往往不符合遥感影像模式集的特征。Choi 和 Rhee[23,192] 给出了启发式、基于灰度直方图特征和 IT2FCM 的 3 种区间二型模糊隶属度函数的构建方法,并通过 BP 神经网络分类应用验证了其有效性,不过此 3 种方法都存在经验依赖,比如启发式方法对初始一型隶属函数的形状和比例系数的选择敏感,特别是当比例系数选取不当时将导致区间二型隶属度函数失去不确定性描述能力;基于直方图的方法假设隶属函数呈对称的高斯分布,这常常不符合实际数据特点;而基于 IT2FCM 的方法对模糊指数 m_1, m_2 选择敏感,不合适的 m_1, m_2 将导致 IT2FCM 聚类结果比 FCM 更差。因此,对 m_1, m_2 的选择成为一个重要的研究领域,宫改云等[193]经过大量研究证明从聚类有效性角度看,最佳模糊指数取值范围为[1.5,2.5];Fisher[127]则通过将模糊指数区间[1.3,2.5]离散为 13 个 m,然后基于某种特定的函数表达形式(如三角函数)生成某个像元取不同 m 时对应的这系列模糊度的集合,即二型模糊集。然而,以上各种凭经验确定的 m_1, m_2 往往不能很好地刻画待分类影像数据的模糊性,而距离度量的差异却可能导致 2 个地物类别区分和不能区分的差别。也有学者提出自适应模糊指数 FCM 算法[194];我们在第 8 章针对 2 组 TM 影像聚类实验发现,取

$m_1 = 2, m_2 = 10$ 时，IT2FCM 聚类结果优于 $m = 2$ 时的 FCM 和 ISODATA 结果；第 6 章和第 7 章的实验则验证了模糊指数在区间[2.0,2.5]内变化时，基于区间值数据建模的模糊聚类结果稳定，而距离度量的差异却可能导致 2 个地物类别区分和不能区分的差别。已有研究表明[195]，距离度量的选择本身就存在一定的不确定性，不同的距离度量往往是从不同角度描述 2 个样本间的相异性，从而形成了距离度量的模糊性。Francisco 等就样本距离度量的各向异性性质提出了自适应距离度量的概念[51]。而遥感影像数据样本间相异性在不同的波段往往存在显著差异，即各向异性特征明显，本章将基于距离度量的模糊性构建二型模糊集，进而在第 8 章研究基础上展开基于自适应区间二型模糊的遥感影像聚类分析研究。

上一章的讨论表明，IT2FCM 算法处理具有密度差异的遥感影像数据的结果较 FCM 结果有了明显改进；适应解决"同物异谱"现象造成的错分问题且抗干扰能力较好，不过难以解决"同谱异物"的现象造成的错分，且采取 KM 算法降型过程中计算量较大，进而影响了算法执行效率。鉴于 IT2FCM 算法这两方面的不足，本章提出一种自适应探求等价一型代表集合的高效降型方法，在此基础上提出自适应区间二型模糊聚类算法，可以获得比原 IT2FCM 更好的结果。

9.2   基于模糊距离度量的区间二型隶属度函数构建

基于二型模糊系统理论构建的区间二型模糊分类模型的不确定性体现在隶属区间的上、下边界和区间的长度 3 个方面[84]，其设计重点在于隶属度区间的构建和充分考虑隶属区间长度对分类结果的影响，本章研究工作就这两方面展开。

第 8 章我们讨论了通过引入两个模糊指数将一型隶属度扩展为区间二型的形式。而模糊指数的上限和下限值的确定目前没有一个普适的方法[78]，而凭经验确定的模糊指数端点不能很好地刻画待分类影像数据的不确定性，且选取不合适的 m_1, m_2 将导致 IT2FCM 聚类结果比 FCM 更差[23]。第 5 章已经讨论，遥感影像多波段特点使得某个像元某一波段的灰度值到某个类别中心的距离存在显著差异，我们可以依据最小的最大距离判读某个样本属于某个类别，也可以依据最大的最小距离判断某个样本不属于某个类别，而通常情况下我们采用的是各维距离代数和（平均）作为样本间距离度量。鉴于此，本章基于模糊距离度量的区间二型隶属度函数构建如下：

已知影像数据向量 $X = \{x_1, x_2, \cdots, x_n\}$，$x_i = \{x_{i1}, x_{i2}, \cdots, x_{ip}\}, i = 1, 2, \cdots, n$，定义该数据集的模糊划分矩阵的上界和下界如下：

上界： $$\bar{U} = [\bar{u}_j(x_i)], \quad \bar{u}_j(x_i) = \frac{1}{\sum_{k=1}^{C} \left(\dfrac{d_{ji}}{d_{ki}}\right)^{\frac{2}{m-1}}} \tag{9-1}$$

下界：
$$\underline{U} = [\underline{u}_j(\boldsymbol{x}_i)], \underline{u}_j(\boldsymbol{x}_i) = \frac{1}{\sum_{k=1}^{C} \left(\frac{s_{ji}}{s_{ki}}\right)^{\frac{2}{m-1}}} \qquad (9\text{-}2)$$

其中，$\bar{u}_j(\boldsymbol{x}_i)$ 和 $\underline{u}_j(\boldsymbol{x}_i)$ 分别表示影像样本点 $\boldsymbol{x}_i$ 到类别 j 的隶属度的上限和下限值，构成了隶属度区间 $[\underline{u}_j(\boldsymbol{x}_i),\bar{u}_j(\boldsymbol{x}_i)]$，$d,s$ 为样本 $\boldsymbol{x}_i$ 与类别 j 模糊距离度量的平均和最大度量值，即 $d_{ji} = \mathrm{mean}(d_{ji}^L)$，$s_{ji} = \max(d_{ji}^L), L = 1,2,\cdots,p$，$d_{ji}^L$ 为样本 $\boldsymbol{x}_i$ 第 L 维与类别 j 的距离，如欧氏距离，m 为模糊指数。

9.3　自适应快速降型和去模糊

本章降型的基本思想就是借鉴等价一型模糊集思路[34]，用最具代表性的 n 型模糊集表示 $n+1$ 型模糊集[45]。当 $n=0$ 时，结果输出就是确定的值，也就是精确器工作。用以代表 $n+1$ 型的 n 型模糊集必须等价于原 $n+1$ 型模糊集，即能有效表示原集合的特性，通常用集合的质心来表示。假设一个二型模糊集 $\tilde{A}$ 的代表一型模糊集为 A，用 N 个点的域离散来描述它，则其质心为：

$$C_A = \frac{\sum_{i=1}^{N} \boldsymbol{x}_i \mu_A(\boldsymbol{x}_i)}{\sum_{i=1}^{N} \mu_A(\boldsymbol{x}_i)} \qquad (9\text{-}3)$$

其中 $\boldsymbol{x}_i$ 为已知样本点，要计算 C_A 即要计算 $\mu_A(\boldsymbol{x}_i)$。

1 个区间二型模糊集的质心表示如式（8-1）所示，我们采用探求一型代表模糊集的方法来求该公式中的二型模糊集的质心 $\boldsymbol{V}$，本质即为求解等价的一型隶属函数。此处我们引入自适应因子和参考文献[45]的降型思想，定义降型器如下：

$$U(\boldsymbol{x}_i)_{eq}^k = \bar{U}(\boldsymbol{x}_i)^k - \beta(\bar{U}(\boldsymbol{x}_i)^k - \underline{U}(\boldsymbol{x}_i)^k)$$
$$\text{s.t.} \quad \sum_{k=1}^{C} U(\boldsymbol{x}_i)_{eq}^k = 1, \quad 0 \leqslant \sum_{i=1}^{n} U(\boldsymbol{x}_i)_{eq}^k \leqslant n \qquad (9\text{-}4)$$

其中，U_{eq}^k 为最终像素 $\boldsymbol{x}_i$ 属于类别 k 的隶属度，也即通过上式计算同时完成了降型和去模糊，$\bar{U}^k$ 和 $\underline{U}^k$ 为原区间二型隶属函数的上界和下界，其定义见式（9-1）和式（9-2），$\beta(0 \leqslant \beta \leqslant 1)$ 为隶属度区间宽度自适应影响因子，其定义如式（9-5），其物理含义在于当类内均方误差和增大时，β 增大，则 $\boldsymbol{x}_i$ 属于类别 k 的等价隶属度下降，且隶属度区间长度增大，$\boldsymbol{x}_i$ 不属于类别 k 的可能性提高，当 $\beta=1$ 时，$U(\boldsymbol{x}_i)_{eq}^k = \underline{U}(\boldsymbol{x}_i)^k$，$\boldsymbol{x}_i$ 属于类别 k 的等价隶属度取隶属区间下界；反之，当类内均方误差和趋于零时，β

趋于零，则 x_i 属于类别 k 的等价隶属度逼近隶属度区间上界，x_i 属于类别 k 的可能性提高，当 $\beta = 0$ 时，$U(x_i)_{eq}^k = \bar{U}(x_i)^k$，$x_i$ 属于类别 k 的等价隶属度值取隶属度区间上界。

$$\beta = f(e) = 1 - 0.97\exp(-5e^2) \qquad (9\text{-}5)$$

其中，符号 e 的含义同公式（6-13），为某次迭代 x_i 所划分到的类别的归一化均方误差。从图 6-1 的讨论可知，当误差大于 0.8 时，自适应控制因子 β 趋于稳定值 1，其意义在于当误差较大时，x_i 可视为当前类别的离群点，应尽量分离出去，在实际聚类过程中，β 的值迭代初期会有振荡，但随着归一化均方误差值趋于极小值，β 的值趋于 1 个稳定值，即 $U(x_i)_{eq}^k$ 趋于稳定，降型完成，如图 9-1 所示，横坐标为迭代次数，此统计结果来自对图 9-4(a) 的 A-IT2FM 算法处理过程。

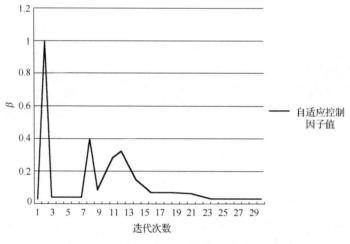

图 9-1　自适应降型示例

9.4　自适应区间二型模糊聚类算法

该算法的基本框架与第 8 章区间二型模糊 C 均值算法相同，相关理论不再赘述，在此只给出该自适应区间二型模糊聚类算法的步骤：

算法 9-1：自适应区间二型模糊聚类算法（Adaptive interval type 2 fuzzy clustering, A-IT2FM）

Step1：确定聚类数 c 和模糊指数 $m(1 < m < \infty)$，$\varepsilon = 10^{-5}$，按照 3.4.1 节的方法初始化模糊划分 $V_i^0(1 \leqslant i \leqslant c)$，迭代次数初值 $t = 0$；

Step2：以 V^t 为中心，用式（9-1）和式（9-2）计算隶属度矩阵 $\underline{U}, \bar{U}$；

Step3：用式（6-13）和式（9-5）计算 $V_i^t(1 \leqslant i \leqslant c)$ 归一化的类内均方误差和隶属度区间宽度自适应控制因子 β；

Step4：利用式（9-4）探求等价一型隶属度，利用式（9-3）更新 V^t；

Step5：如果 $\left\| V^{t+1} - V^t \right\| < \varepsilon$，转下一步，否则 $t = t + 1$，转向 Step2；

Step6：得到最终的聚类中心和隶属度矩阵，按最大隶属度原则得到聚类结果。其算法流程如图 9-2 所示。

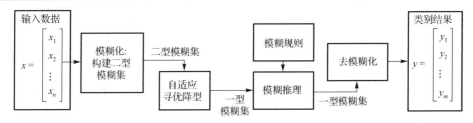

图 9-2　自适应区间二型模糊聚类算法流程

9.5　遥感影像土地覆盖分类实验

本章实验技术流程如图 9-3 所示，核心算法过程见算法 9-1 和图 9-2 算法流程。

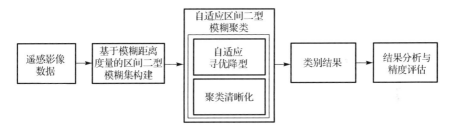

图 9-3　基于自适应区间二型模糊聚类的影像土地覆盖分类

为了验证本章基于自适应隶属区间降型的模糊 C 均值聚类算法的性能，本章进行了与算法 8-1（KM-IT2FCM）和文献[27]、[196]二型模糊集构建和降型方法（记为 Pa-IT2FCM）的比对实验，公共参数设置保持一致。其中 KM-IT2FCM 详细描述见本书第 8 章，在此不再赘述。Pa-IT2FCM 算法简述如下：

算法 9-2：Pa-IT2FCM 算法

Step1：先通过将一型模糊集的隶属度函数利用互为倒数的参数模糊化得到区间二型模糊集，设构建在样本 x 上的一型模糊隶属度函数为 $\mu(x)$（假定 $\mu(x)$ 符合标准正态分布），则扩展的区间二型模糊集隶属度函数 $\tilde{\mu}(x) = [\underline{\mu}(x), \overline{\mu}(x)]$ 的上界和下界可以取为：

$$\underline{\mu}(x) = [\mu(x)]^a, \quad \overline{\mu}(x) = [\mu(x)]^{\frac{1}{a}} \tag{9-6}$$

其中 $a > 0$，且大量研究表明[27]，$a \in (1,2]$ 对于图像处理才有意义，此处取 $a = 1.5$。

Step2：利用式（9-7）和式（9-8）降型：

$$\tilde{\mu}_{eq}(\boldsymbol{x}) = 0.6 \cdot \underline{\mu}(\boldsymbol{x}) + 0.4 \cdot \overline{\mu}(\boldsymbol{x})， \quad 当\ \mu(\boldsymbol{x}) \geqslant 0.5 \tag{9-7}$$

$$\tilde{\mu}_{eq}(\boldsymbol{x}) = 0.4 \cdot \underline{\mu}(\boldsymbol{x}) + 0.6 \cdot \overline{\mu}(\boldsymbol{x})， \quad 当\ \mu(\boldsymbol{x}) < 0.5 \tag{9-8}$$

Step3：按照 9.4 节描述的算法 9-2 进行聚类分析，其中隶属度矩阵的计算采用式（9-6）。

9.5.1　实验数据

本章的实验数据源为 SPOT5，图 9-4(a)和 9-5(a)分别为源数据 1、2、3 波段组合的 RGB 图，聚类结果类别组成情况见表 9-1 和表 6-1。这两个实验数据选自土地利用类型复杂的珠海海岸带附近和植被长势不一且类型复杂的北京昌平，两个实验数据均存在较严重的"同谱异物"现象。比如图 9-4 中区域 A、B、C 分别标识了典型的滩涂、水体和山体类，然而由于它们的光谱非常近似甚至存在混叠，很难将它们彼此区分开来，如图 9-4 所示，三个区域的图像灰度分布形态相似，尤其是 A 和 C，且各波段图像灰度值集中在[20,90]之间，其直方图如图 9-5 所示，灰度集中在较暗区域且三个区域的直方图形态相似，表明异物同谱现象明显。而对北京昌平实验区土地覆盖复杂，如裸地上长着零星的草类，林立的高楼与阴影混杂，不同地物光谱混叠，且互为干扰，如裸地与植被，建筑与裸地交错分布，相互影响，如图 9-5(a)中 A1、A2 所示（见彩图）。

表 9-1　珠海马骝洲水道附近土地覆盖类别描述

实验数据	土地覆盖	描述
	其他绿地	草地、杂草丛生的耕地、灌木丛等
	建筑用地	建筑群、建筑工地等
珠海 SPOT5	水域	河流、池塘等
	林地	天然山林和人工林等
	农业用地	菜地、果园、耕地、人工草皮等
	滩涂	近海河滩

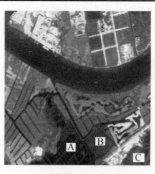

(a) 原图1、2、3波段组合　　　　　(b) Pa-IT2FCM结果

图 9-4　A-IT2FCM 与 Pa-IT2FCM 及 KM-IT2FCM（$m_1 = 2, m_2 = 10$）
对珠海 SPOT5 实验数据聚类分析结果

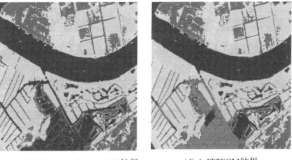

(c) KM-IT2FCM($m_1 = 2, m_2 = 10$)结果　　　　(d) A-IT2FCM结果

■水域　■农业用地　■其他绿地　■建筑用地　■林地　■滩涂

图 9-4　A-IT2FCM 与 Pa-IT2FCM 及 KM-IT2FCM（$m_1 = 2, m_2 = 10$）
对珠海 SPOT5 实验数据聚类分析结果（续）

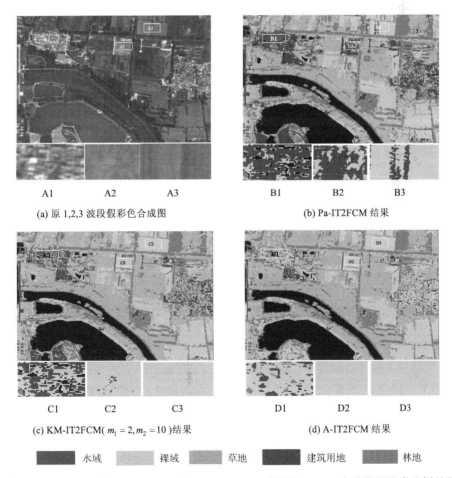

图 9-5　A-IT2FCM 与 Pa-IT2FCM 和 KM-IT2FCM 对昌平 SPOT5 实验数据聚类分析结果

9.5.2　实验及结果分析

参照实验原影像数据，可以看出本章基于区间二型模糊集的模糊聚类结果，如图 9-4 和图 9-5 所示，对聚集效果较好地表覆盖，如图 9-4 中的绿地、建筑用地和农业用地类和图 9-5 中的水体和林地，都得到了较好的类别划分结果，各个地物类别连贯且边界基本清晰可见。而对于光谱混叠严重的区域，如图 9-4 中的 A（滩涂）、B（水体）、C（林地）的划分则有显著不同，算法 Pa-IT2FCM 将滩涂划到了林地类，算法 KM-IT2FCM 则将滩涂划到了水域类，而本书的 A-IT2FM 算法由于引入了自适应调整因子，由聚类有效性指标将最终模糊划分矩阵导向最佳模糊划分，基本区分了三者。Pa-IT2FCM 相对其他两个算法聚集能力更强，却易导致"过聚"问题，即更容易导致小目标类别消失在较大邻域类别中，而本章 A-IT2FCM 采用的区间二型模糊集构建方法，从样本距离度量的模糊性角度，不依赖于任何先验知识和假设，所设计的二型模糊集具有描述光谱混叠和干扰模糊的能力。而对于北京昌平区 SPOT5 影像数据的聚类结果，从目视判读角度看，Pa-IT2FCM 算法在划分裸地和建筑用地类时，易将裸地归到建筑用地类，如图 9-5(a)中 A2 所标注裸地类 Pa-IT2FCM 算法得到的是裸地和建筑用地类的混合；区域 A3 本是存在稀疏植被的裸地，Pa-IT2FCM 算法得到的是裸地和建筑用地类的混合；而对于建筑用地、裸地、绿地和阴影混合的区域 A1，Pa-IT2FCM 算法结果中对建筑用地类的划分较其他两个算法效果更好，说明其对于本数据中建筑的聚集能力更佳，正因如此，整体上对于建筑用地类误分较多，如图 9-5(b)中 B2、B3 所示。而 KM-IT2FCM 和 A-IT2FCM 对应聚类结果相近，原因在于两者均为通过迭代求目标函数极值的方法，核心是基于样本与目标间相似性的最大化也即距离的最小化，不过基于模糊指数不确定性的 IT2FCM 的结果很大程度上依赖于 m_1、m_2 的选择，而 A-IT2FM 是基于模糊距离度量构建二型模糊隶属度函数，且引入了自适应因子调整隶属函数区间长度，显著降低了对模糊指数和先验知识的依赖，同时更有利于算法快速收敛到全局极小值，得到最佳的模糊划分矩阵，结果整体上优于 KM-IT2FCM。不过结果图也可以看出，A-IT2FM 算法依旧未能很好地解决山体阴影和水体的区分问题，因为我们主要考虑地物光谱而没有考虑其空间信息和拓扑关系。图 9-6 是珠海 SPOT5 数据典型光谱混叠区域灰度级分布情况。

为了验证本章算法的复杂度小于 KM 算法，我们统计了多组实验数据的处理时间，如图 9-7 所示，从时间复杂度曲线看，样本点数相同时，本章 A-IT2FM 算法所花时间远少于 KM-IT2FCM，且随着样本点数的增加，KM-IT2FCM 的处理时间增长更快，这与第 8 章的理论推理结论基本一致。

为了从客观角度验证实验结果，我们依旧在地物复杂区域随机选取了 50 个点进行地面验证，计算了图 9-4 和图 9-5 中所示结果的总体分类精度、Kappa 系数，结果如表 9-2 所示。从表 9-2 统计结果可以看出 A-IT2FM 的分类总体分类精度、Kappa 系数均高于其他两种算法，这表明本章 A-IT2FM 聚类的性能与目视判读结果一致，有利于改善高分辨率遥感影像聚类效果，进而提高地表覆盖分类的精度，可满足更精细分类的需要。

表 9-2　基于 Pa-IT2FCM、KM-IT2FCM 和 A-IT2FM 聚类结果的客观评价比较

实验数据	聚类算法	总体分类精度/%	Kappa 系数
珠海 SPOT5 数据	Pa-IT2FCM	85	0.752
	KM-IT2FCM	87	0.835
	A-IT2FM	91	0.893
昌平 SPOT5 数据	Pa-IT2FCM	82	0.705
	KM-IT2FCM	82	0.788
	A-IT2FM	85	0.832

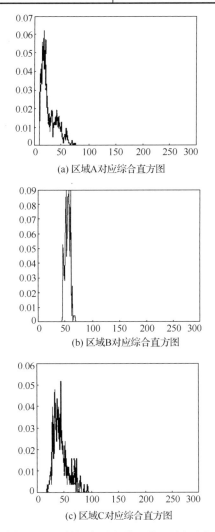

(a) 区域A对应综合直方图

(b) 区域B对应综合直方图

(c) 区域C对应综合直方图

图 9-6　珠海 SPOT5 数据典型光谱混叠区域灰度级分布情况

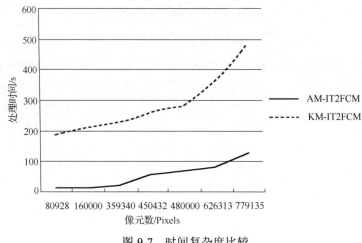

图 9-7　时间复杂度比较

9.6　本 章 小 结

　　本章首先基于模糊距离度量构建了面向遥感影像土地覆盖分类的区间二型隶属度函数；接着针对第 8 章 KM 降型方法的时间复杂度大的问题，提出了一种高效的自适应降型方法，即通过自适应影响因子探求等价一型代表模糊集实现降型，同时去模糊化，在此基础上提出自适应区间二型模糊聚类（A-IT2FM）算法。通过 2 组存在较严重的"同谱异物"现象的影像聚类分析实验，验证了本章算法的有效性和可靠度，且基于模糊距离度量的区间二型模糊隶属度函数的构建不依赖假设和经验，满足自动分类的要求。此外，自适应聚类分析可以优化分类器性能，获得比 IT2FCM 更理想的结果。不过 A-IT2FM 依旧未能彻底解决光谱混叠造成的错分问题，下一章将探索区间值数据建模和自适应区间二型模糊聚类算法相结合的分类方案，力图构建基于区间值数据模型和二型模糊集综合的分类模型，充分发挥区间值数据模型的抗干扰和区分能力以及二型模糊集的高阶不确定性描述和控制能力，得到更好的遥感影像土地覆盖分类结果。

第 10 章　模糊不确定性建模方法适应性分析及模型综合

本章对本书探索提出的各种不确定性建模和模糊分类方法做了系统的比较和适应性评价，在此基础上，通过适当的模型扩展构建了综合区间模糊分类模型。

10.1　概　　述

在模糊不确定性理论研究基础上，本书第 6~9 章，围绕解决遥感影像土地覆盖分类中影像数据固有的不确定性及分类判别决策的模糊不确定性问题，针对遥感影像"类内差大、类间模糊"等典型不确定性对影像土地覆盖分类的挑战，分别从影像数据信息表达和分类判别规则角度出发，探索性地提出了 4 种不确定性描述模型和相应的模糊聚类算法，从单点到区间，从像斑均值特征到区间特征，从一型模糊集到二型模糊集，从常规聚类到自适应聚类，前面章节的多组纵向实验结果体现了我们提出的各模型和算法的不确定性描述能力和优良的分类性能，为了进一步完善本书基于区间思想的不确定性建模和模糊聚类算法性能，本章拟通过两组存在显著"同物异谱"和"同谱异物"现象的影像数据的分类实验，更深入分析本书基于遥感影像信息表达区间建模的自适应模糊聚类和区间二型模糊聚类方法各自的特点和适应性，在此基础上提出区间值数据建模和区间二型模糊集两者综合的区间模糊分类模型，并探讨该模型的有效性和适应性。

10.2　模糊不确定性建模方法适应性分析比较

本节通过两组覆盖区域范围较大，地表覆盖复杂，且存在显著"同谱异物"和"同物异谱"现象的影像数据进行聚类实验，比较分析本书提出的 4 种不确定建模方法的各自的特点和适应性，技术路线如图 10-1 所示。

10.2.1　实验数据选取

本章实验数据均为 SPOT5 卫星影像数据，分别选自地表覆盖复杂，存在显著的模糊不确定性和相互干扰的珠三角和北京颐和园附近。第 1 幅图为 939×667 像素，覆盖了横琴岛及四周的大部分区域,东至澳门本岛,南到三叠泉风景区,西抵磨刀门,北至马骝洲水道以北宝盛路,见图 10-2(a),图 6-4 和图 9-4 对应实验数据为该影像数据的 1 个子集,土地覆盖有河流、农业用地、林地、人工草皮、建筑用地、园地和耕地等,详细描述见表 6-1。图 10-3(a)覆盖北至颐和园,南至杏石口路,西过西五环路抵北京植物园,东抵世纪城的区域,影像中主要地物类别包括了:耕地、林地、水体和阴影、建筑物、主干路和草地等,详细描述见表 10-1。覆盖面积增大,地物之间的相互影响因素增多,则模糊现象更严重,特别是颐和园附近实验区高层建筑和林木阴影严重,因此基于这 2 组数据的实验结果的讨论具有代表性。需要说明的是关于阴影的处理不在本书的讨论范畴,这里只探讨阴影的存在对本书构建的不确性模型性能的影响。

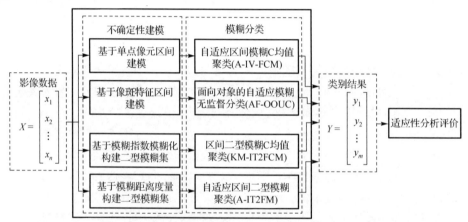

图 10-1　本书不确定性建模方法比较及适应性分析技术路线

表 10-1　颐和园 SPOT5 数据土地覆盖类别描述

实验数据	土地覆盖	描述
颐和园 SPOT5	水域	河流、昆明湖等
	林地	天然山林和景观林木等
	裸地	主干路、住宅小区等
	绿地	茂密草地、其他绿化地
	建筑	机场、大型建筑群等

10.2.2　实验结果及评价分析

本章实验旨在分析本书提出的各种不确定性建模和自适应聚类算法的适用性,所以只对聚类结果作简单滤波,未进行类别合并等分类后处理,在进行精度评估时直接将聚类所得光谱类别视为地物类别。为确保结果的可比性,实验公共参数统一设置为:聚类数 $c = 5$ 和模糊指数 $m = 2.5$,$\varepsilon = 0.000001$。各方法的统计分析结果见表 10-2,结果表明基于区间值数据建模的算法和基于二型模糊聚类的算法各有千秋，前者更适宜处理同物异谱问题，而后者更适合处理异物同谱问题，相关的分类精度和 Kappa 系数结果与此结论一致。接下来从目视判读角度对各实验结果进行比较和适应性分析。

表 10-2 不同的不确定建模方法的聚类统计结果比较

实验数据	聚类算法	总体分类精度/%	Kappa 系数
大横琴 SPOT5	A-IV-FCM	80	0.722
	AF-OOUC	88	0.845
	KM-IT2FCM	81	0.735
	A-IT2FM	85	0.823
	CIMAFC	91	0.897
颐和园 SPOT5	FCM	62	0.575
	A-IV-FCM	82	0.725
	AF-OOUC	86	0.845
	KM-IT2FCM($m_1 = 2, m_2 = 10$)	51	0.433
	KM-IT2FCM($m_1 = 1.5, m_2 = 4.5$)	80	0.713
	A-IT2FM	85	0.842
	CIMAFC	90	0.858
玉树 TM	CIMAFC	85	0.836
横琴 SPOT5	CIMAFC	92	0.903

1. 广东大横琴 SPOT5 数据实验结果

相关聚类实验结果见图 10-2（见彩图），其中(b)为第 6 章提出的 A-IV-FCM 算法结果，(c)为第 7 章提出的 AF-OOUC 算法结果，(d)为第 8 章 KM-IT2FCM 算法结果，(e)为第 9 章提出的 A-IT2FM 算法结果。两个存在明显模糊现象的区域的放大图置于各个大图的下方。其中(a)中 A1 标示区域类别包括河流、小溪、鱼塘等水域类，建筑用地和厂房等建筑用地类，人工林地类、潮湿农用地类和草皮绿地类；(a)中 A2 标示区域类别主要为建筑用地类、水域和人工草皮等。从目视判读来看，各个算法对紧密度较好的类别的划分效果普遍较好，比如水域和建筑用地，表明本书各方法保持了算法基础模糊 C 均值聚类算法的优良性能，其中 A-IV-FCM 算法和 KM-IT2FCM 算法对于这两类的漏分率最低，对于区域 A1 中的梯形河流得到了完整的聚类结果，见图 10-2 中的 B1 和 D1 结果放大图，两者相比则 KM-IT2FCM 获得的河流形态更连贯和完整。与此同时，这两个算法把山体阴影错分为水体类的现象也很明显，这跟算法理论是一致的，A-IV-FCM 以单个像元为对象，追求最高的类内同质性，阴影光谱更接近水体而非山体，因而被错划分为水体，而 KM-IT2FCM 算法通过模糊指数生成隶属度区间描述样本与聚类中心的模糊关系，迭代求质心过程中易出现"差异性消失"问题，即基于此原则不同类的近似样本点容易同化，且由于没有考虑聚类效果，使得密度较小的类别易被光谱近似的密度大的类别同化，此现象还体现在其对建筑用地的划分，一方面在密度大的区域聚类得到的面积比该地物类别的实际面积大，另一方面密度小的区域则被密度更大的邻域类吞并，如图 10-2 中 D1 所示，建筑用地很大部分划到了农业用地类，同时带阴影地物部分被划成水体。由此可见 KM-IT2FCM 算法适于完成紧密度差较小的类别的模糊划分，这与第 8 章讨论的结论一致。由此可见，最佳的隶属区间质心不一定在区间的中心，需要根据聚类效果自适应寻求最佳的等价一型隶属度，A-IT2FM 算法正是在此思路下提出的，其结果如图 10-2(e)所示，尽管对区域 A1 中的河流细节的保持略欠于 KM-IT2FCM，但整体聚类效果大为改善，基本纠正了 KM-IT2FCM 对此数据聚类的非平衡状态，山地暗像元错分为水体的比例下降明显，不过对小类的吞并现象依然存在，如 E1 结果显示的绿地面积大于实际，较小的农业用地类被吸收，需要增加待分类数据样本间的区分度。前面第 7 章已经证明本书的区间模型比单点具有更强的区分能力，造成 A-IV-FCM 错分的主要原因是其为单点模糊方法，没有充分考虑各个像元的上下文，其处理未能满足高分辨率影像聚类结果的同质性和适当离散性并重的要求；而 AF-OOUC 是基于像斑综合特征构建区间模型，本质上实现了一种带邻域空间信息的不确定性描述，其聚类结果的连贯性较其他三者都有明显改善，特别是山体和建筑类，噪点和山体暗像元的错分也有一定程度的抑制，不过其结果对影像分割的精度有一定的依赖。对于 10-2(a)中 A1 箭头所指示潮湿草皮的划分，基于区间二型模糊集的方法结果优于基于区间数据建模的方法，不过都没有得到完整的正确的划分结果。而图 10-2(b)、(e)实验结果分别同图 6-4(c)和图 9-4(d)相比，对同一类别的划分结果存在一定的差异性，恰好验证了图像全局信息对聚类方法性能存在很大影响，在不确定性建模时如何更好地处理图像局部和全局的关系是我们今后需要深入研究的问题。

(a) 大横琴SPOT5假彩色合成图(937×667像素)　　　　　　(b) A-IV-FCM结果

图 10-2　各不确定性建模方法（A-IV-FCM, AF-OOUC, KM-IT2FCM, A-IT2FM）
及 CIMAFC 对大横琴 SPOT5 数据的聚类分析结果

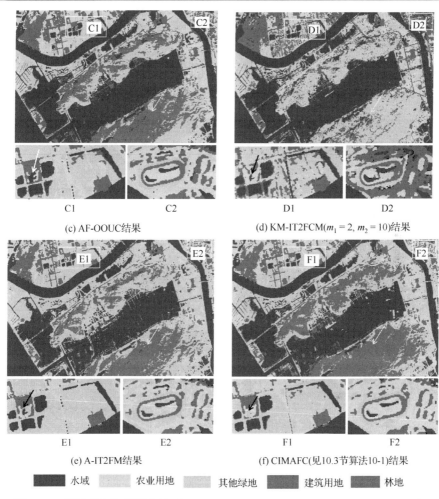

(c) AF-OOUC结果　　　　　　　　(d) KM-IT2FCM($m_1 = 2$, $m_2 = 10$)结果

(e) A-IT2FM结果　　　　　　　　(f) CIMAFC(见10.3节算法10-1)结果

■ 水域　　■ 农业用地　　■ 其他绿地　　■ 建筑用地　　■ 林地

图 10-2　各不确定性建模方法（A-IV-FCM, AF-OOUC, KM-IT2FCM, A-IT2FM）
及 CIMAFC 对大横琴 SPOT5 数据的聚类分析结果（续）

2. 颐和园附近 SPOT5 数据实验结果

光谱干扰的复杂性和显著的紧密度差异使得 FCM 结果存在严重的水域和林地类及主干路错分现象，如图 10-3(b)所示，典型的如 B1、B2 和 B3 标示区域，且所得林地面积明显大于实际值。而本书构建的各自适应分类模型则依旧表现良好，得到的各个类别边界清晰，特别是主干路连贯完整，道路网和河流清晰可鉴，展现了优于传统 FCM 算法的分类性能，相关实验结果图见图 10-3（见彩图），其中(c)为第 6 章提出的 A-IV-FCM 算法聚类结果，(d)为第 7 章提出的 AF-OOUC 算法处理结果，(f)为第 9 章提出的 A-IT2FM 算法聚类结果。而 KM-IT2FCM($m_1 = 2, m_2 = 10$)对此数据的处理显示

出不适应性，如图 10-3(e)所示，对此类"同谱异物"的现象严重的数据，其结果退化到比 FCM 更差，验证了 KM-IT2FCM 对 m_1, m_2 的敏感性，将其重新选择为 $m_1 = 1.5, m_2 = 4.5$，则其结果大为改善，如图 10-3(f)所示，说明数据越复杂，对 m_1, m_2 的选取则要越谨慎。而各自适应方法则依旧较好地抑制了该"同谱异物"现象对聚类的不利影响，其中 AF-OOUC 依旧获得了最佳的类别划分，与上一组实验结果一致，如对区域 A2 和 A3 划分结果 D2 和 D3 所示（见图 10-3(d)中 D2、D3），类别边界干脆利落，几乎没有噪点，不过其对山体暗像元的错分现象依然存在。此外，由于存在严重的建筑阴影，该实验数据各种方法对高楼密集区的阴影错分为水体，本书提出的模型未能解决好阴影问题，这与本书方法主要考虑地物光谱信息相关，下一步研究工作需要增加模型信息的维度，即综合考虑几何、纹理等信息。

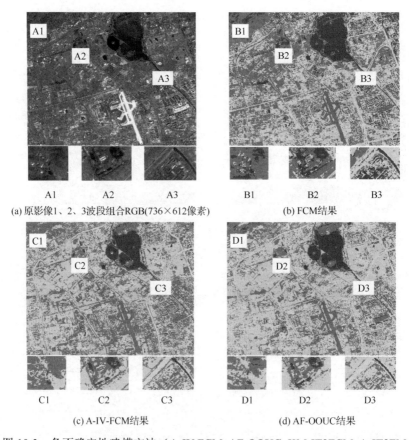

图 10-3　各不确定性建模方法（A-IV-FCM, AF-OOUC, KM-IT2FCM, A-IT2FM 及 CIMAFC）对颐和园附近 SPOT5 数据的聚类分析结果

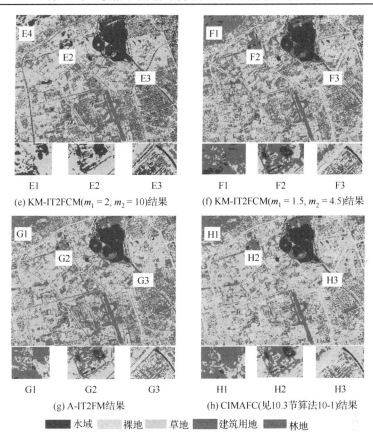

(e) KM-IT2FCM($m_1 = 2, m_2 = 10$)结果　　　　(f) KM-IT2FCM($m_1 = 1.5, m_2 = 4.5$)结果

(g) A-IT2FM结果　　　　(h) CIMAFC(见10.3节算法10-1)结果

■ 水域　□ 裸地　▨ 草地　▨ 建筑用地　■ 林地

图 10-3　各不确定性建模方法（A-IV-FCM, AF-OOUC, KM-IT2FCM, A-IT2FM
及 CIMAFC）对颐和园附近 SPOT5 数据的聚类分析结果（续）

10.3　综合区间模糊分类模型构建及影像聚类分析

10.3.1　模型建立和算法描述

从前面章节研究分析，我们可以看到遥感影像土地覆盖分类的模糊不确定性主要表现在同类别样本的可变性和不同类别间关系的模糊性，即人们常说的"同谱异物""同物异谱"现象的综合，我们可以对此建立一个统一的分类模型如下：

给定：区间值数据 $x_i \in X_i \equiv [\underline{x}_i, \overline{x}_i]$，构建于该区间值向量 X_i 上的区间二型模糊 $u_i \in U_i \equiv [\underline{u}_i, \overline{u}_i], i = 1, 2 \cdots N$，其中 $\underline{x}_i \leqslant \overline{x}_i$，$\underline{u}_i \leqslant \overline{u}_i$，则可以得到分类系统的概念模型：

$$\tilde{Y} = \frac{\sum_{i=1}^{N} X_i U_i}{\sum_{i=1}^{N} U_i} \equiv [y_L, y_R] \qquad （10\text{-}1）$$

其中，$\tilde{Y}$ 为系统的模糊输出而分类的最终目的是得到清晰化的类别划分结果，可以在式（10-1）的概念模型构建（其过程如图 10-4 所示）基础上，通过算法 10-1 实现。

算法 10-1：基于综合区间建模的自适应模糊聚类算法（Comprehensive interval modeling adaptive fuzzy clustering, CIMAFC）

Step 1：聚类参数初始化；

Step 2：区间值数据建模，采用式（10-9）；

Step 3：构建区间二型模糊集，采用式（9-1）和式（9-2），其中最大距离度量概念采用式（7-4）定义，平均距离概念采用式（6-2）定义；

Step 4：自适应区间二型模糊聚类，见算法 9-1。

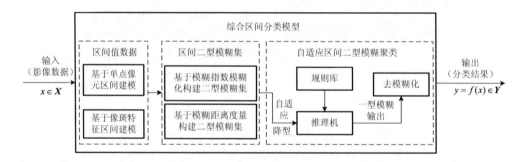

图 10-4　综合区间分类模型

10.3.2　基于综合区间模糊分类模型的影像聚类结果及分析

本节遥感影像聚类分析实验基于图 10-4 所示综合区间模糊分类模型进行，数据分别为图 10-2(a)、10-3(a)、6-4(a)、6-5(a)所示，详细的数据描述见 10.2.1 节和 6.5.2 节，在此不再赘述。综合区间分类模型处理结果分别见图 10-2(f)和图 10-3(h)。分类精度和 Kappa 系数统计结果见表 10-2。从目视判读看，4 组数据的分类结果在保持原模型的优良特点情况下，可读性均比单一模型更强，类别划分更清晰，尤其是对山体暗像元的抑制加强，得到了更为完整的林地类，见图 10-2(f)箭头所标示区域、图 10-3(h)中 H1、图 10-5(a)林地类，结果连贯且与其他绿地界限分明；对 10-5(b)箭头 A 所指示位置，因地势低洼且暗像元较多，区间值数据模型没能区分出该山谷中的林木，而综合区间分类模型得到了正确的林地类结果，此外，该图中箭头 B 所指示区域，因为受到冰雪光谱的干扰，原区间值数据模型和区间二型模糊集模型都将该处草地划分成了水体，而 CIMAFC 将其划分出来，且边界完整清晰；对于图 10-2(a)中 A1 中箭头所指示潮湿的草皮，单一模型几乎都将其划分成了水域，区间综合分类模型则得到了正确的类别划分，这说明综合区间分类模型结合了区间信息表达的区分能力和区间二型模糊集对于高阶不确定性的掌控能力，可以明显改善模糊分类器性能，表 10-2 中的统计结果也验证了这一点。

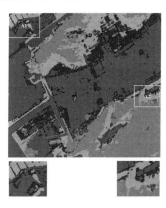 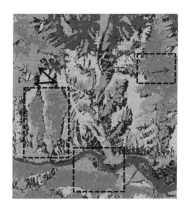

(a) 横琴 SPOT5 数据（图 6-4(a)）结果　　　　　　(b) 玉树 TM 数据（图 6-5(a)）结果

图 10-5　基于 CIMAFC 的聚类分析结果（第 3、4 组）

10.4　本　章　小　结

　　不同的不确定性建模方法均在一定程度上刻画了实验影像数据的不确定性，不过没有一种方法是完美的，比如影像数据区间建模方法往往对山体阴影错分到水域无能为力，而区间二型模糊方法则常使小的目标类淹没到邻近的大类中。针对遥感影像数据的区间建模旨在增加不同类别样本的可分离度，即样本点被划分到光谱最接近的类别，而二型模糊集则允许类别间的混叠，即某个样本属于 1 个类别的隶属度是在一定范围内变化的，则该样本点就可能同时被划分到几个不同的类别或者不被划分到任何类别。从影像土地覆盖分类的意义上看，两者是存在内在关联的不确定性描述模型，建立两者综合的分类模型，通过自适应调整找到一个最佳平衡点可以充分发挥两者的优势，从而得到理想的影像土地覆盖分类结果，本章的实验结果验证了这一思路的有效性。

参 考 文 献

[1] Hamdan H, Hajjar C. A neural networks approach to interval-valued data clustering. Application to Lebanese meteorological stations data[C]// 2011 IEEE Workshop on Signal Processing Systems, 2011: 373-378.

[2] Heilpern S. Representation and application of fuzzy numbers[J]. Fuzzy sets and Systems, 1997, 91(2): 259-268.

[3] Huang Q, Wu G, Chen J, et al. Automated remote sensing image classification method based on FCM and SVM[C]// 2012 2nd International Conference on Remote Sensing, Environment and Transportation Engineering (RSETE), 2012: 1-4.

[4] Zadeh L A. Fuzzy sets[J]. Information and Control, 1965, 8(3): 338-353.

[5] 汪林林, 唐在金. 区间二型模糊集彩色遥感图像边缘检测方法[J]. 计算机工程与应用, 2010, 46(2): 138-140.

[6] 王立新, 王迎军. 模糊系统与模糊控制教程[J]. 北京: 清华大学出版社, 2006.

[7] 胡丹, 李洪兴, 余先川. 规则与规则库信息量的度量及其应用[J]. 中国科学(F 辑): 信息科学, 2009, 39(2): 218-233.

[8] Hu D, Li H, Yu X. The information content of fuzzy relations and fuzzy rules[J]. Computers & Mathematics with Applications, 2009, 57(2): 202-216.

[9] Pedrycz W, Gomide F. An introduction to fuzzy sets: analysis and design[M]. Cambridge: The MIT Press, 1998.

[10] 麻芳兰. 智能设计关键技术的研究及其在甘蔗收获机械中的应用[D]. 重庆: 重庆大学, 2006.

[11] Liu F. An efficient centroid type-reduction strategy for general type-2 fuzzy logic system[J]. Information Sciences, 2008, 178(9): 2224-2236.

[12] 生龙. 二型模糊系统理论及应用[D]. 成都: 电子科技大学, 2012.

[13] Zadeh L A. The concept of a linguistic variable and its application to approximate reasoning—I[J]. Information Sciences, 1975, 8(3): 199-249.

[14] 郭继发, 崔伟宏. 高阶模糊地理现象建模和度量研究[J]. 测绘学报, 2012, 41(1): 139-146.

[15] Mendel J M. Advances in type-2 fuzzy sets and systems[J]. Information Sciences, 2007, 177(1): 84-110.

[16] Wu H, Mendel J M. Uncertainty bounds and their use in the design of interval type-2 fuzzy logic systems[J]. IEEE Transactions on Fuzzy Systems, 2002, 10(5): 622-639.

[17] Mo H, Wang F Y, Zhou M, et al. Footprint of uncertainty for type-2 fuzzy sets[J]. Information

Sciences, 2014, 272: 96-110.

[18] Doostparasttorshizi A, Fazelzarandi M, Zakeri H. On type-reduction of type-2 fuzzy sets: A review[J]. Applied Soft Computing, 2015: 614-627.

[19] Ngo L T, Nguyen P H, Hirota K. On approximate representation of type-2 fuzzy sets using triangulated irregular network[M]//Foundations of Fuzzy Logic and Soft Computing. Berlin: Springer, 2007: 584-593.

[20] Liang Q, Mendel J M. Equalization of nonlinear time-varying channels using type-2 fuzzy adaptive filters[J]. IEEE Transactions on Fuzzy Systems, 2000, 8(5): 551-563.

[21] Bustince H, Barrenechea E, Pagola M, et al. Interval-valued fuzzy sets constructed from matrices: Application to edge detection[J]. Fuzzy Sets and Systems, 2009, 160(13): 1819-1840.

[22] Castro J R, Castillo O, Melin P. An interval type-2 fuzzy logic toolbox for control applications[C]// IEEE International Fuzzy Systems Conference, 2007: 1-6.

[23] Choi B I Rhee C H. Interval type-2 fuzzy membership function generation methods for pattern recognition[J]. Information Sciences, 2009, 179(13): 2102-2122.

[24] Mendel J M. Type-2 fuzzy sets and systems: an overview[J]. IEEE Computational Intelligence Magazine, 2007, 2(1): 20-29.

[25] Mitchell H B. Pattern recognition using type-II fuzzy sets[J]. Information Sciences, 2005, 170(2): 409-418.

[26] Xu Z, Xia M. Distance and similarity measures for hesitant fuzzy sets[J]. Information Sciences, 2011, 181(11): 2128-2138.

[27] Tizhoosh H R. Image thresholding using type II fuzzy sets[J]. Pattern Recognition, 2005, 38(12): 2363-2372.

[28] Tran L, Duckstein L. Comparison of fuzzy numbers using a fuzzy distance measure[J]. Fuzzy sets and Systems, 2002, 130(3): 331-341.

[29] Wu D, Mendel J M. Uncertainty measures for interval type-2 fuzzy sets[J]. Information Sciences, 2007, 177(23): 5378-5393.

[30] de Maesschalck R, Jouan-Rimbaud D, Massart D L. The Mahalanobis distance[J]. Chemometrics and Intelligent Laboratory Systems, 2000, 50(1): 1-18.

[31] Xie J, Zhang X L. Clustering of hyper spectral image based on improved fuzzy C means algorithm[J]. Journal of Convergence Information Technology, 2012, 7(12): 320-327.

[32] Hung W L, Yang M S. Similarity measures between type-2 fuzzy sets[J]. International Journal of Uncertainty, Fuzziness and Knowledge-Based Systems, 2004, 12(6): 827-841.

[33] Yeh C Y, Jeng W H R, Lee S J. An enhanced type-reduction algorithm for type-2 fuzzy sets[J]. IEEE Transactions on Fuzzy Systems, 2011, 19(2): 227-240.

[34] 陈薇, 孙增圻. 二型模糊系统研究与应用[J]. 模糊系统与数学, 2005, 01: 126-135.

[35] Karnik N N, Mendel J M. Type-2 fuzzy logic systems: type-reduction[C]//IEEE International Conference on Systems, Man, and Cybernetics, 1998, 2: 2046-2051.

[36] 潘永平, 黄道平, 孙宗海. II 型模糊控制综述[J]. 控制理论与应用, 2011, 28(1): 13-23.

[37] Coupland S, John R. A fast geometric method for defuzzification of type-2 fuzzy sets[J]. IEEE Transactions on Fuzzy Systems, 2008, 16(4): 929-941.

[38] Garcia C F. An approximation method for type reduction of an interval type-2 fuzzy set based on alpha-cuts[C]. Federated Conference on Computer Science and Information Systems, 2012: 49-54.

[39] Zhai D, Mendel J M. Enhanced centroid-flow algorithm for general type-2 fuzzy sets[C]//Fuzzy Information Processing Society (NAFIPS), 2011: 1-6.

[40] Dongrui U, Nie M. Comparison and practical implementation of type-reduction algorithms for type-2 fuzzy sets and systems[C]// IEEE International Conference on Fuzzy Systems, 2011: 2131-2138.

[41] Duran K, Bernal H, Melgarejo M. Improved iterative algorithm for computing the generalized centroid of an interval type-2 fuzzy set[C]//Fuzzy Information Processing Society, 2008: 1-5.

[42] Greenfield S, Chiclana F, Coupland S, et al. The collapsing method of defuzzification for discretised interval type-2 fuzzy sets[J]. Information Sciences, 2009, 179(13): 2055-2069.

[43] Nie M, Tan W W. Towards an efficient type-reduction method for interval type-2 fuzzy logic systems[C]// IEEE International Conference on Fuzzy Systems. IEEE, 2008: 1425-1432.

[44] Karnik N N, Mendel J M. Centroid of a type-2 fuzzy set[J]. Information Sciences, 2001, 132(1-4): 195-220.

[45] Wu D, Tan W W. Computationally efficient type-reduction strategies for a type-2 fuzzy logic controller[C]// The 14th IEEE International Conference on Fuzzy Systems, 2005: 353-358.

[46] Greenfield S, John R, Coupland S. A novel sampling method for type-2 defuzzification[J]. Proceedings of UKCI, 2005: 120-127.

[47] Billard L. Symbolic data analysis: what is it[M]. Heidelberg: Physica-Verlag HD, 2006.

[48] 曾文艺, 罗承忠, 肉孜阿吉. 区间数的综合决策模型[J]. 系统工程理论与实践, 1997, 11: 48-50

[49] Liem T, Lucien D. Comparison of fuzzy numbers using a fuzzy distance measure[J]. IEEE Transactions on Fuzzy Systems, 2002, 130: 331-341

[50] Ichino M, Yaguchi H. Generalized Minkowski metrics for mixed feature-type data analysis [J]. IEEE Transactions on Systems, Man and Cybernetics, 1994, 24(4): 698-708.

[51] de Francisco A T. de Carvalho, Camilo P T. Fuzzy K-means clustering algorithms for interval-valued data based on adaptive quadratic distances[J]. Fuzzy Sets and Systems, 2010, 161(23): 2978-2999.

[52] Li J, Lu B L. An adaptive image Euclidean distance[J]. Pattern Recognition, 2009, 42(3): 349-357.

[53] Souza R D, Carvalho F D. Clustering of interval data based on city-block distances[J]. Pattarn Recognition Letter, 2004, 25(3): 353-365.

[54] Carvalho F D A T, Souza R M C R, Chavent M, et al. Adaptive Hausdorff distances and dynamic

clustering of symbolic interval data[J]. Pattern Recognition Letters, 2006, 27(3): 167-179.

[55] Dubuisson M P, Jain A K. A modified Hausdorff distance for object matching[C]// Proceedings of the 12th IAPR International Conference on Computer Vision & Image Processing, 1994, 1: 566-568.

[56] Jesorsky O, Kirchberg K J, Frischholz R W. Robust face detection using the hausdorff distance[C]// Audio-and video-based biometric person authentication. Berlin: Springer, 2001: 90-95.

[57] Sato-Ilic M. Symbolic Clustering with Interval-Valued Data[J], Procedia Computer Science, 2011(6): 358-363 .

[58] 谢志伟, 王志明. 一种区间型数据的自适应模糊 C-均值聚类算法[J]. 计算机工程与应用, 2012, 17: 193-198, 237.

[59] 张伟斌, 刘文江. 区间型数据的模糊 C 均值聚类算法[J]. 计算机工程, 2008, 34(11): 26-28.

[60] Woznica A, Kalousis A, Hilario M. Learning to combine distances for complex representations[C]// Proceedings of the 24th International Conference on Machine Learning, 2007: 1031-1038.

[61] Asady B, Zendehnam A. Ranking fuzzy numbers by distance minimization[J]. Applied Mathematical Modelling, 2007, 31(11): 2589-2598.

[62] Bloch I. On fuzzy distances and their use in image processing under imprecision[J]. Pattern Recognition, 1999, 32(11): 1873-1895.

[63] Peng W, Li T. Interval data clustering with applications[C]// 18th IEEE International Conference on Tools with Artificial Intelligence, 2006. 355-362.

[64] de Souza R M C R, de Carvalho F A T, Tenório C P, et al. Dynamic cluster methods for interval data based on Mahalanobis distances[M]//Classification, Clustering, and Data Mining Applications. Berlin Heidelberg: Springer, 2004: 351-360.

[65] 唐成龙, 王石刚. 基于数据间内在关联性的自适应模糊聚类模型[J]. 自动化学报, 2010, 36(11): 1544-1556.

[66] Zhang J, Foody G M. A fuzzy classification of sub-urban land cover from remotely sensed imagery[J]. International Journal of Remote Sensing, 1998, 19(14): 2721-2738.

[67] Zhang W J, Kang J Y. Segmentation of high resolution remote sensing image using modified FCM combined with optimization method[J]. Journal of Information and Computational Science, 2012, 9(15): 4591-4598.

[68] 李石华, 王金亮, 毕艳, 等. 遥感图像分类方法研究综述[J]. 国土资源遥感, 2005, 2(5): 2.

[69] 邢宗义, 张永, 侯远龙, 等. 基于模糊聚类和遗传算法的具备解释性和精确性的模糊分类系统设计[J]. 电子学报, 2006, 34(1): 83-88.

[70] 余先川, 安卫杰, 贺辉. 基于面向对象的无监督分类的遥感影像自动分类方法[J]. 地球物理学进展, 2012, 27(2): 744-749.

[71] Sadina G P. Fuzzy Clustering Models and Algorithms for Pattern Recognition[D]. Sarajevo: THESIS, 2008.

[72] Pal N R, Pal K, Keller J M, et al. A possibilistic fuzzy c-means clustering algorithm[J]. IEEE Transactions on Fuzzy Systems, 2005, 13(4): 517-530.

[73] Sowmya B, Sheelarani B. Land cover classification using reformed fuzzy C-means[J]. Sadhana, 2011, 36(2): 153-165.

[74] MymoonZuviria N, Deepa M. A robust fuzzy neighborhood based C means algorithm for image clustering[J]. International Journal, 2013, 3(3): 87-94.

[75] 刘小芳, 何彬彬. 近邻样本密度和隶属度加权FCM算法的遥感图像分类方法[J]. 仪器仪表学报, 2011, 10: 2242-2247.

[76] 余洁, 郭培煌, 陈品祥, 等. 基于改进的模糊 C-均值聚类方法遥感影像分类研究[J]. 地球空间信息科学学报（英文版）, 2008, 11(2): 90-94.

[77] Pedrycz W, Vukovich G. Fuzzy clustering with supervision [J]. Pattern Recognition, 2004, 37(7): 1339-1349.

[78] Bensaid A M, Hall L O, Bezdek J C, et al. Validity-guided reclustering with applications to image segmentation[J]. IEEE Transactions on Fuzzy Systems, 1996, 4(2): 112-123.

[79] 余先川, 康增基. 一种基于分水岭算法的高空间分辨率多光谱遥感图像分割方法[P]. 国家发明专利, 2009.

[80] 罗承忠. 模糊集引论(上册)[M]. 北京: 北京师范大学出版社, 2005.

[81] Mendel J M, John R I, Liu F L. Interval type-2 fuzzy logic systems made simple[J]. IEEE Transactions on Fuzzy Systems, 2006, 14(6): 808-821.

[82] 马建文, 李启青, 哈斯巴干, 等. 遥感数据智能处理方法与程序设计[M]. 北京: 科学出版社, 2010.

[83] Sanz J, Fernández A, Bustince H, et al. A genetic tuning to improve the performance of Fuzzy Rule-Based classification systems with interval-valued fuzzy sets: degree of ignorance and lateral position[J]. International Journal of Approximate Reasoning, 2011, 52(6): 751-766.

[84] Zeng J, Liu Z Q. Type-2 fuzzy sets for pattern classification: a review[C]// IEEE Symposium on Foundations of Computational Intelligence, 2007: 193-200.

[85] Rhee F C H, Hwang C. A type-2 fuzzy C-means clustering algorithm[C]//IFSA World Congress and 20th NAFIPS International Conference, 2001, 4: 1926-1929.

[86] Hajjar C, Hamdan H. Self-organizing map based on Hausdorff distance for interval-valued data[C]// 2011 IEEE International Conference on Systems, Man, and Cybernetics (SMC), 2011: 1747-1752.

[87] Linda O, Manic M. General type-2fuzzyC-means algorithm for uncertain fuzzy clustering [J]. IEEE Transactions on Fuzzy Systems, 2012, 20(5): 883-897.

[88] Buckley J J, Hayashi Y. Fuzzy neural networks: a survey[J], Fuzzy Sets Syst. 1994(66): 1-13.

[89] Wang D, Zeng X J, Keane J A. Hierarchical hybrid fuzzy-neural networks for approximation with mixed input variables[J]. Neurocomputing, 2007, 70: 3019-3033.

[90] Feng S, Li H X, Hu D. A new training algorithm for HHFNN based on Gaussian membership function for approximation[J]. Neuro computing, 2009, 72(7-9): 1631-1638.

[91] 余先川, 代莎, 胡丹. 基于 Lasso 函数的分层混合模糊—神经网络及其在遥感影像分类中的应用[J]. 地球物理学报, 2011, 54(6): 1672-1678.

[92] 王飞, 刘大有, 薛万欣. 基于遗传算法的 Bayesian 网中连续变量离散化的研究. 计算机学报[J], 2002, 8 (25): 794-800.

[93] 张化光, 徐悦, 张秋野. 基于模糊粗糙集的系统连续变量离散化方法[J]. 东北大学学报, 2008, 1 (29): 1-4.

[94] 车燕, 任开隆, 王信峰. 离散型随机变量连续化处理方法[J]. 北京联合大学学报, 2001, 15(3): 65-68.

[95] Turk M, Pentiand A. Eigenfaces for recognition[J]. Journal of Cognitive Neuroscience, 1991, 1(3): 71-86.

[96] Tibshirani R. Regression Shrinkage and Selection via the Lasso[J]. Journal of the Royal Statistical Society. Series B (Methodological), 1996, 58(1): 267-288.

[97] Takagi T, Sugeno M. Fuzzy identification of systems and its application to modeling and control[J]. IEEE Transactions on Systems Man Cybernet, 1985(15): 116-132.

[98] 范明, 柴玉梅, 昝红英. 统计学习基础: 数据挖掘、推理与预测[M]. 北京: 电子工业出版社, 2004.

[99] 高新波, 范九伦, 谢维信. 区间值数据模糊 C-均值聚类新算法[J]. 西安电子科技大学学报, 1999, 05: 604-609.

[100] 吕泽华, 金海, 袁平鹏, 等. 基于 Gauss 分布函数的区间值数据的模糊聚类算法[J]. 电子学报, 2010, 2: 295-300.

[101] Pimentel B A, da Costa A F B F, de Souza R M C R. Kernel-based fuzzy clustering of interval data[C]// 2011 IEEE International Conference on Fuzzy Systems (FUZZ), 2011: 497-501.

[102] Carvalho FDATD. Fuzzy c-means clustering methods for symbolic interval data [J]. Pattern Recognition Letters, 2007, 28(4): 423-437.

[103] Carvalho FDATD, Lechevalliery, Melo FMD. Relational partitioning fuzzy clustering algorithms based on multiple dissimilarity matrices[J]. Fuzzy Sets and Systems, 2013, 215: 1-28.

[104] 岳明道. 新型区间数据模糊 C-均值聚类算法[J]. 计算机工程与应用, 2011, 47(13): 157-160.

[105] Carvalho FDATD. A fuzzy clustering algorithm for symbolic interval data based on a single adaptive Euclidean distance[C]//Neural Information Processing. Berlin Heidelberg: Springer, 2006: 1012-1021.

[106] 唐明会, 杨燕. 模糊聚类有效性的研究进展[J]. 计算机工程与科学, 2009, 09: 122-124.

[107] Bedzek J C. Cluster Validity with Fuzzy Sets [J]. Journal of Cybernetics, 1973, 3(3): 58-72.

[108] Shannon C E. A Mathematical Theory of Communication [J]. Bell Syst Tech, 1948, XXVII(3):

379-423.

[109] 李洁, 高新波, 焦李成. 一种基于修正划分模糊度的聚类有效性函数[J]. 系统工程与电子技术, 2005, 4(27): 723-726.

[110] 陈业华, 黄元美, 高峰. 基于模糊熵的聚类有效性分析[J]. 燕山大学学报, 2007, 31(1): 44-46.

[111] Malay K P, Sanghamitra B, Ujjwal M. A study of some fuzzy cluster validity indices, genetic clustering and application to pixel classification. Fuzzy Sets Systems, 2005, 155: 191-214.

[112] Xie X L, Beni G. A validity measure for fuzzy clustering [J]. IEEE Transactions on Pattern Analysis and Machine Intelligence, 1991, 8(13): 841-847.

[113] 鲍正益. 模糊聚类算法及其有效性研究[D]. 厦门: 厦门大学, 2006.

[114] Bensaid A M. Validity-Guided(Re)Clustering with Applications to Image Segmentation[J]. IEEE Transactions on Fuzzy Systems, 1996, 4(2): 112-123.

[115] 王介生. 一种新的模糊 C 均值聚类有效性函数[C] // Proc of CCDC'08, 2008: 2477-2480.

[116] 杨燕, 靳蓉, Kamel M. 聚类有效性评价综述[J]. 计算机应用研究, 2008, 25(6): 1630-1638

[117] 周开乐, 杨善林, 丁帅, 等. 聚类有效性研究综述[J]. 系统工程理论与实践, 34(9): 2417-2431

[118] 依力亚斯江·努尔麦麦提, 塔西甫拉提·特依拜, 舒宁, 等. 基于 Radarsat 和 TM 图像融合与分类的土壤盐渍化信息遥感监测研究[J]. 测绘科学, 2009, 34(1): 56-59.

[119] 陈姝, 居为民. 遥感图像分类方法及研究进展[J]. 河北农业科学, 2009, 13 (1) : 143-146.

[120] 汤国安. 遥感数字图像处理[M]. 北京: 科学出版社, 2004.

[121] 黄凯奇, 任伟强, 谭铁牛. 图像物体分类与检测算法综述[J]. 计算机学报, 2013, 36(12): 1-15.

[122] 承继成, 郭华东, 史文中. 遥感数据的不确定性问题[M]. 北京: 科学出版社, 2004.

[123] 彭望琭, 白振平, 刘湘南. 遥感概论[M]. 北京: 高等教育出版社, 2002.

[124] 陈忠. 高分辨率遥感图像分类技术研究[D]. 北京: 中国科学院遥感应用研究所, 2006.

[125] He H, Yu X. A comparison of PCA/ICA for data preprocessing in remote sensing imagery classification[C]//MIPPR 2005 Image Analysis Techniques. International Society for Optics and Photonics, 2005: 604408-604408-6.

[126] 孙显, 付琨, 王宏琦. 高分辨率遥感图像理解[M]. 北京: 科学出版社, 2011.

[127] Fisher P F. Remote sensing of land cover classes as type 2 fuzzy sets[J]. Remote Sensing of Environment, 2010, 114(2): 309-321.

[128] Lucas L A, Centeno T M, Delgado M R. Land cover classification based on general type-2 fuzzy classifiers[J]. International Journal of Fuzzy Systems, 2008, 10(3): 207-216.

[129] 王圆圆, 李京. 遥感影像土地利用/覆盖分类方法研究综述[J]. 遥感信息, 2004, 01: 53-59.

[130] Giada S, de Groeve T, Ehrlich D, et al. Information extraction from very high resolution satellite imagery over Lukole refugee camp, Tanzania[J]. International Journal of Remote Sensing, 2003, 24(22): 4251-4266.

[131] 崔林丽, 唐娉, 赵忠明, 等. 一种基于对象和多种特征整合的分类识别方法研究[J]. 遥感学报, 2006, 10 (1): 104-1101.

[132] Adams J, Sabol D E, Kapos V et al. Classification of multispectral images based on fraction endmembers, application to land cover change in the Brazilian Amazon[J]. Remote Sensing of Enviroment, 1995, 52: 137-154.

[133] 莫惠栋. 最大似然法及其应用[J]. 遗传, 1984, 6(5): 42-48.

[134] 骆剑承, 王钦敏, 马江洪, 等. 遥感图像最大似然分类方法的 EM 改进算法[J]. 测绘学报, 2002, 31(3): 234-239.

[135] Ho S Y, Liu C C, Liu S. Design of an optimal nearest neighbor classifier using an intelligent genetic algorithm[J]. Pattern Recognition Letters (S0167-8655), 2002, 23(13): 1495-1503.

[136] 高隽. 智能信息处理方法导论[M]. 北京: 机械工业出版社, 2004.

[137] 王珂, 顾行发, 余涛, 等. 基于频谱相似性的高光谱遥感图像分类方法[J]. 中国科学: 技术科学, 2013 (004): 407-416.

[138] 蔡华杰, 田金文. 基于 mean-shift 聚类过程的遥感影像自动分类方法[J]. 华中科技大学学报(自然科学版), 2008, 36(11): 1-4.

[139] 曹丽琴, 李平湘, 张良培, 等. 基于多地表特征参数的遥感影像分类研究[J]. 遥感技术与应用, 2010 (1): 38-44.

[140] Rocchini D, Foody G M, Nagendra H, et al. Uncertainty in ecosystem mapping by remote sensing[J]. Computers & Geosciences, 2013, 50: 128-135.

[141] 陶建斌, 舒宁等. 一种基于高斯混合模型的遥感影像有指导非监督分类方法[J]. 武汉大学学报(信息科学版), 2010, (06): 727-732.

[142] 傅文杰. 遥感矿化蚀变信息提取中两种新方法的应用研究[D]. 长沙: 中南大学, 2006.

[143] Lv Z, Hu Y, Zhong H, et al. Parallel K-means clustering of remote sensing images based on mapreduce[M]//Web Information Systems and Mining. Berlin Springer: 2010: 162-170.

[144] Li B, Zhao H, Lv Z H. Parallel ISODATA clustering of remote sensing images based on MapReduce[C]//2010 International Conference on Cyber-Enabled Distributed Computing and Knowledge Discovery (CyberC), 2010: 380-383.

[145] 李石华, 王金亮, 毕艳, 等. 遥感图像分类方法研究综述[J]. 国土资源遥感, 2005, 2(5): 2.

[146] 周春艳, 王萍, 张振勇, 等. 基于面向对象信息提取技术的城市用地分类[J]. 遥感技术与应用, 2008, 23(1): 31-35.

[147] 张忠平, 陈丽萍, 王爱杰. IFCM: 改进的区间值数据的模糊 C-均值聚类算法[J]. 计算机工程与设计, 2008, 24: 6320-6322.

[148] 张春晓, 侯伟, 刘翔, 等. 基于面向对象和影像认知的遥感影像分类方法[J]. 测绘通报, 2010, 4: 11-14.

[149] Yu X C, He H, Hu D, et al. Land cover classification of remote sensing imagery based on

interval-valued data fuzzy c-means algorithm[J]. Science China: Earth Sciences, 2014, 57: 1306-1313.

[150] Baatz M, Schäpe A. Object-oriented and multi-scale image analysis in semantic networks[C]//2nd International Symposium: Operationalization of Remote Sensing, 1999: 16-20.

[151] 陈劲松, 梁守真, 余晓敏, 等. 基于遥感和陆表信息集成的广东省土地覆盖分类方法研究[J]. 集成技术, 2012, 03: 61-65.

[152] 杜凤兰, 田庆久, 夏学齐, 等. 面向对象的地物分类法分析与评价[J]. 遥感技术与应用, 2004, 19(1): 20-23.

[153] 王爱萍, 王树根, 吴会征. 利用分层聚合进行高分辨率遥感影像多尺度分割[J]. 武汉大学学报: 信息科学版, 2009, 34(9): 1056-1059.

[154] 李云鹏, 洪金益. 浅论基于面向对象的遥感图像分类[J]. 西部探矿工程, 2008, 02: 103-105.

[155] Pekkarinen A. A method for the segmentation of very high spatial resolution images of forested landscapes[J]. International Journal of Remote Sensing, 2002, 23(14): 2817-2836.

[156] 徐春燕, 冯学智, 赵书河, 等. 基于数学形态学的 IKONOS 多光谱图像分割方法研究[J]. 遥感学报, 2008 (6): 980-986.

[157] 刁智华, 赵春江, 郭新宇, 等. 分水岭算法的改进方法研究[J]. 计算机工程, 2010, 36(17): 4-6.

[158] 巫兆聪, 胡忠文, 欧阳群东. 一种区域自适应的遥感影像分水岭分割算法[J]. 武汉大学学报: 信息科学版, 2011, 36(3): 293-296.

[159] 刘龙飞, 陈云浩, 李京. 遥感影像纹理分析方法综述与展望[J]. 遥感技术与应用, 2003, 18(6): 441-447.

[160] 李金莲等. SPOT5 影像纹理特征提取与土地利用信息识别方法[J]. 遥感学报, 2006, 10(6): 926-931.

[161] 杜峰, 陈善学, 徐皓淋. 超谱图像分类方法及研究进展[J]. 数字通信, 2010, 06: 62-66.

[162] 史泽鹏, 马友华, 王玉佳, 等. 遥感影像土地利用/覆盖分类方法研究进展[J]. 中国农学通报, 2012, 28(12): 273-278.

[163] Gath I, Geva A B. Unsupervised optimal fuzzy clustering[J]. IEEE Transactions on Pattern Analysis and Machine Intelligence, 1989, 11(7): 773-780.

[164] 哈斯巴干. 神经网络及其组合算法的遥感数据分类研究[D]. 北京: 中国科学院研究生院（遥感应用研究所, 2003.

[165] Aggarwal C C, Yu P S. A Survey of Uncertain Data Algorithms and Applications[J]. IEEETransactions on Knowledge and Data Engineering, 2009, 21(5): 609-623.

[166] 边肇祺, 张学工. 模式识别[M]. 北京: 清华大学出版社, 2000.

[167] 洪梅, 张韧, 万齐林, 等. 模糊聚类与遗传算法相结合的卫星云图云分类[J]. 地球物理学进展, 2005, (04): 1009-1014.

[168] 胡姝婧, 胡德勇, 赵文吉. 基于LSMM和改进的FCM提取城市植被覆盖度—以北京市海淀区

为例[J]. 生态学报, 2010, 4: 1018-1024.

[169] 胡田晓娜, 董静. 模糊 C-均值聚类遥感影像分类[J]. 矿山测量, 2011, 3: 32-34.

[170] Pal S K. Fuzzy Models for Pattern Recognition[M]. New York: IEEE Press, 1992.

[171] 哈斯巴干, 马建文等. 模糊 C-均值算法改进及其对卫星遥感数据聚类的对比[J]. 计算机工程, 2004, 30(11): 14-15.

[172] 雷鸣. 模糊聚类新算法的研究[D]. 天津: 天津大学, 2007.

[173] 徐章艳, 尹云飞. 一种区间值聚类的数据挖掘方法[J]. 系统工程与电子技术, 2005, 03: 565-567+572.

[174] Chuang C C, Jeng J T, Li C W. Fuzzy C-means clustering algorithm with unknown number of clusters for symbolic interval data[C]//SICE Annual Conference, 2008: 358-363.

[175] Carvalho FDATD, Souza RMCRD. Unsupervised pattern recognition models for mixed feature-type symbolic data[J]. Pattern Recognition Letters, 2010, 31(5): 430-443.

[176] 李洪兴, 苗志宏. 非线性系统的变论域稳定自适应模糊控制[J]. 中国科学: E 辑, 2002, 32(2): 211-223.

[177] 李洪兴. 变论域自适应模糊控制器[J]. 中国科学: E 辑, 1999, 29(1): 32-42.

[178] 张景华, 封志明, 姜鲁光. 土地利用/土地覆被分类系统研究进展[J]. 资源科学, 2011, 33（6）: 1195-1203.

[179] Liem T, Lucien D. Comparison of fuzzy numbers using a fuzzy distance measure[J]. IEEE Transactions on Fuzzy Systems, 2002, 130: 331-341.

[180] Hwang C, Rhee F C H. Uncertain fuzzy clustering: interval type-2 fuzzy approach to C-means[J]. IEEE Transactions on Fuzzy Systems, 2007, 15(1): 107-120.

[181] Lucas L A, Centeno T M, Delgado M R. General type-2 fuzzy inference systems: Analysis, design and computational aspects[C]// IEEE International Fuzzy Systems Conference, 2007: 1-6.

[182] Zarandi M H F, Zarinbal M, Türksen I B. Type-II Fuzzy Possibilistic C-Mean Clustering[C]// IFSA/EUSFLAT Conference, 2009: 30-35.

[183] Melin P, Mendoza O, Castillo O. An improved method for edge detection based on interval type-2 fuzzy logic[J]. Expert Systems with Applications, 2010, 37(12): 8527-8535.

[184] Melin P, Mendoza O, Castillo O. Face recognition with an improved interval type-2 fuzzy logic sugeno integral and modular neural networks[J]. IEEE Transactions on Systems, Man and Cybernetics, Part A: Systems and Humans, 2011, 41(5): 1001-1012.

[185] 邱存勇, 肖建. 区间二型模糊 C 均值聚类在图像分割中的应用[J]. 信息与电子工程, 2011, 9(6): 754-758.

[186] Mendel J M. Uncertain Rule-Based Fuzzy Logic Systems: Introduction and New Directions[M]. New Jersey: Prentice-Hall, 2001.

[187] Mendel J M, Liu F L. Super-exponential convergence of the Karnik-Mendel algorithms for

computing the centroid of an interval type-2 fuzzy set[J]. IEEE Transactions on Fuzzy Systems, 2007, 15(2): 309-320.

[188] Mendel J M. Computing derivatives in interval type-2 fuzzy logic systems[J]. IEEE Transactions on Fuzzy Systems, 2004, 12(1): 84-98.

[189] Wu D R, Mendel J M. Enhanced Karnik-Mendel algorithms[J]. IEEE Transactions on Fuzzy Systems, 2009, 17(4): 923-934.

[190] Yu X C, Dai S, Hu D, et al. The hierarchical hybrid fuzzy–neural network based on lasso function and its application to classification of remote sensing images[J]. Chinese Journal of Geophysics, 2011, 54(4): 590-598.

[191] 纪雯, 王建辉, 方晓柯, 等. 一种区间二型模糊隶属度函数的构造新方法[J]. 东北大学学报 (自然科学版), 2013, 05: 618-623.

[192] Rhee C H, Choi B I. Interval type-2 fuzzy membership function generation methods for representing sample data[J]// Studies in Fuzziness and Soft Computing, 2013, 301: 165-184.

[193] 宫改云, 高新波, 伍忠东. FCM 聚类算法中模糊加权指数 m 的优选方法[J]. 模糊系统与数学, 2005, 19(1): 143-148.

[194] Spyridonos P, Gaitanis G, Tzaphlidou M, et al. Spatial fuzzy c-means algorithm with adaptive fuzzy exponent selection for robust vermilion border detection in healthy and diseased lower lips[J]. Computer Methods and Programs in Biomedicine, 2014, 114(3): 291-301.

[195] Keller J, Krisnapuram R, Pal N R. Fuzzy models and algorithms for pattern recognition and image processing[M]. Berlin: Springer, 2005.

[196] 汪林林, 唐在金. 区间二型模糊集彩色遥感图像边缘检测方法[J]. 计算机工程与应用, 2010, (2): 138-140.

彩　　图

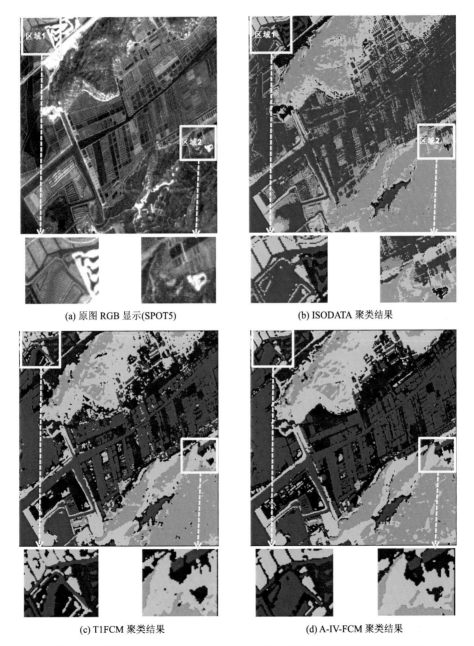

(a) 原图 RGB 显示(SPOT5)

(b) ISODATA 聚类结果

(c) T1FCM 聚类结果

(d) A-IV-FCM 聚类结果

图 6-4　基于 ISODATA、T1FCM、A-IVFCM 及经典 IV-FCM 聚类的广东
横琴 SPOT5 实验数据分类结果

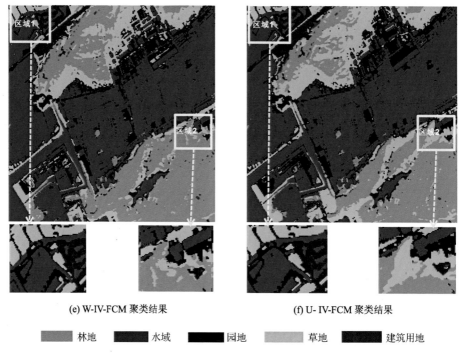

(e) W-IV-FCM 聚类结果   (f) U- IV-FCM 聚类结果

■ 林地   ■ 水域   ■ 园地   ■ 草地   ■ 建筑用地

图 6-4   基于 ISODATA、T1FCM、A-IVFCM 及经典 IV-FCM 聚类的广东
横琴 SPOT5 实验数据分类结果（续）

(a) 原 TM 数据 RGB 图(400×400 像素)   (b) ISODATA 聚类结果

图 6-5   基于 ISODATA、T1FCM、A-IVFCM 及经典 IV-FCM 聚类的
玉树附近 TM 实验数据分类结果

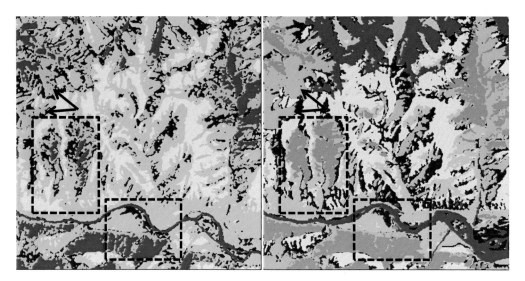

(c) T1FCM 聚类结果　　　　　　　　　　(d) A-IV-FCM 聚类结果

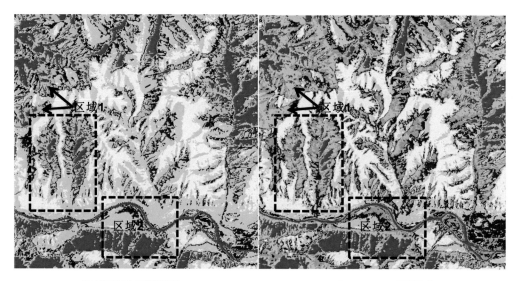

(e) W-IV-FCM 聚类结果　　　　　　　　　(f) U- IV-FCM 聚类结果

水域　　　林地　　　耕地　　　草地1　　　草地2　　　未利用地

图 6-5　基于 ISODATA、T1FCM、A-IVFCM 及经典 IV-FCM 聚类的
玉树附近 TM 实验数据分类结果（续）

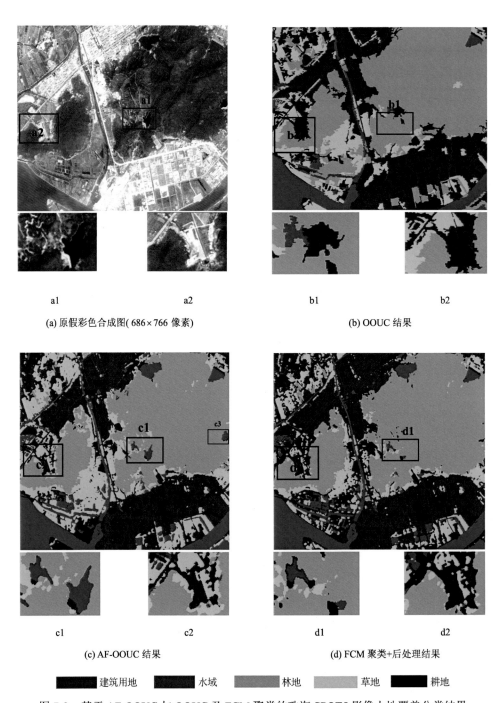

a1　　　　　　　　a2　　　　　　　　b1　　　　　　　　b2

(a) 原假彩色合成图(686×766 像素)　　　　　　　　(b) OOUC 结果

c1　　　　　　　　c2　　　　　　　　d1　　　　　　　　d2

(c) AF-OOUC 结果　　　　　　　　(d) FCM 聚类+后处理结果

■ 建筑用地　■ 水域　■ 林地　■ 草地　■ 耕地

图 7-2　基于 AF-OOUC 与 OOUC 及 FCM 聚类的珠海 SPOT5 影像土地覆盖分类结果

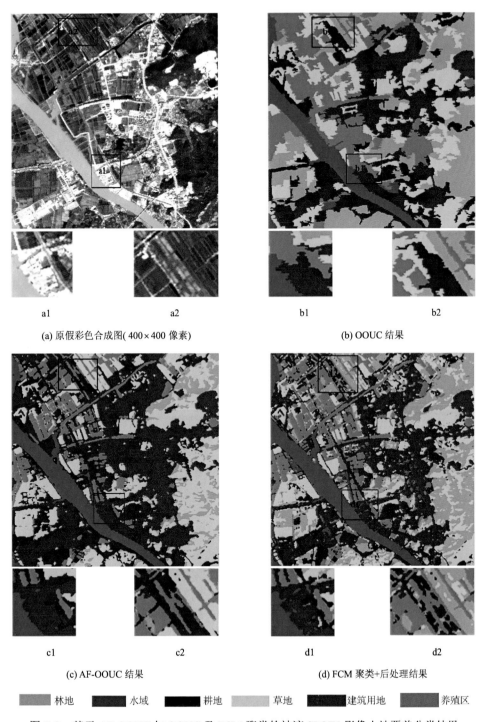

林地	水域	耕地	草地	建筑用地	养殖区

图 7-3 基于 AF-OOUC 与 OOUC 及 FCM 聚类的神湾 SPOT5 影像土地覆盖分类结果

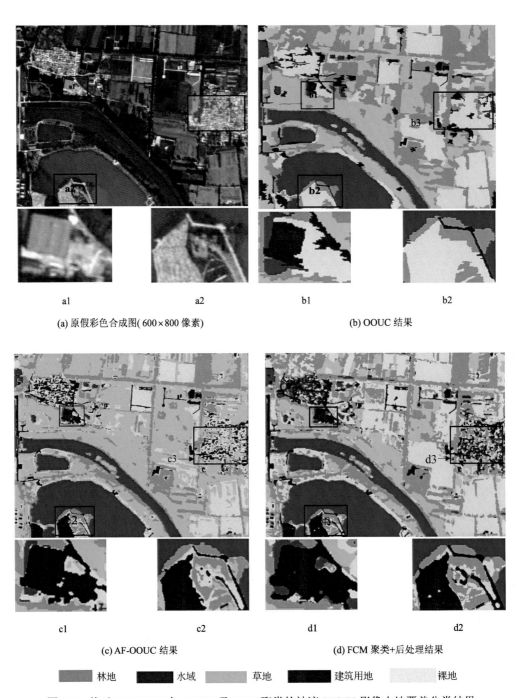

	a1		a2			b1		b2

(a) 原假彩色合成图(600×800 像素)　　　　　　　　(b) OOUC 结果

c1		c2			d1		d2

(c) AF-OOUC 结果　　　　　　　　　　　　　(d) FCM 聚类+后处理结果

林地　　　水域　　　草地　　　建筑用地　　　裸地

图 7-4　基于 AF-OOUC 与 OOUC 及 FCM 聚类的神湾 SPOT5 影像土地覆盖分类结果

(a) (4,3,2)波段组成的假彩色图像

(b) K-MEANS 结果

(c) ISODATA 结果

(d) FCM 结果（ $m=2$ ）

(e) FCM 结果（ $m=10$ ）

(f) KM-IT2FCM 结果（ $m=3,m_1=2,m_2=10$ ）

植被　　　养殖区　　　建筑　　　清澈水体　　　浑浊水体　　　滩涂

图 8-4　KM-IT2FCM 与 ISODATA 及不同模糊指数下的 FCM 对广东
横琴 TM 实验数据处理结果比较

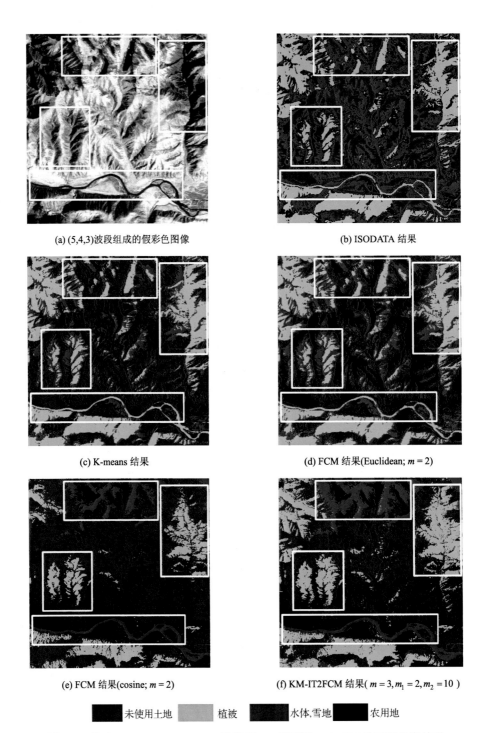

(a) (5,4,3)波段组成的假彩色图像

(b) ISODATA 结果

(c) K-means 结果

(d) FCM 结果(Euclidean; $m = 2$)

(e) FCM 结果(cosine; $m = 2$)

(f) KM-IT2FCM 结果($m = 3, m_1 = 2, m_2 = 10$)

未使用土地　植被　水体,雪地　农用地

图 8-5　基于 K-Means、ISODATA 及基于 KM 降型的 IT2FCM 的玉树分类结果

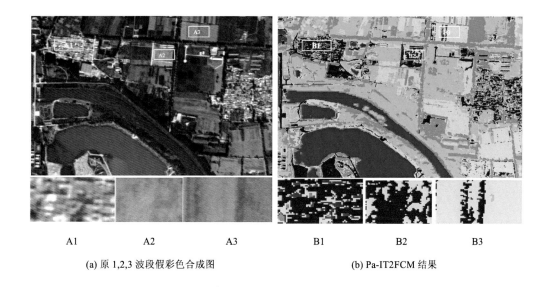

A1   A2   A3   B1   B2   B3

(a) 原 1,2,3 波段假彩色合成图   (b) Pa-IT2FCM 结果

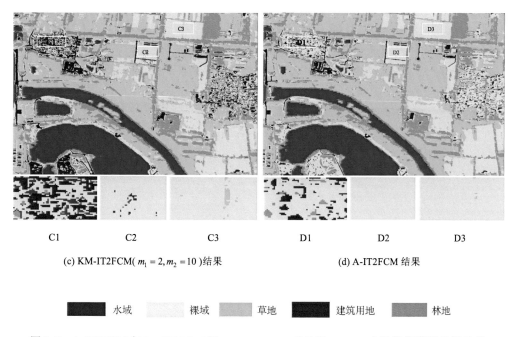

C1   C2   C3   D1   D2   D3

(c) KM-IT2FCM($m_1 = 2, m_2 = 10$)结果   (d) A-IT2FCM 结果

水域   裸域   草地   建筑用地   林地

图 9-5   A-IT2FCM 与 Pa-IT2FCM 和 KM-IT2FCM 对昌平 SPOT5 实验数据聚类分析结果

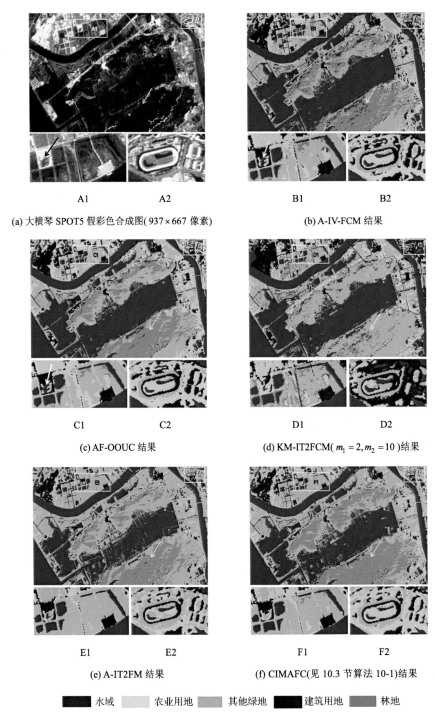

A1   A2

(a) 大横琴 SPOT5 假彩色合成图(937×667 像素)

B1   B2

(b) A-IV-FCM 结果

C1   C2

(c) AF-OOUC 结果

D1   D2

(d) KM-IT2FCM($m_1 = 2, m_2 = 10$)结果

E1   E2

(e) A-IT2FM 结果

F1   F2

(f) CIMAFC(见 10.3 节算法 10-1)结果

■ 水域   农业用地   其他绿地   ■ 建筑用地   林地

图 10-2   各不确定性建模方法（A-IV-FCM, AF-OOUC, KM-IT2FCM, A-IT2FM）
及 CIMAFC 对大横琴 SPOT5 数据的聚类分析结果

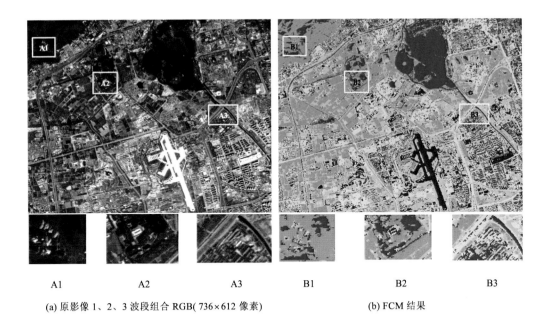

| A1 | A2 | A3 | B1 | B2 | B3 |

(a) 原影像 1、2、3 波段组合 RGB(736×612 像素)　　　　(b) FCM 结果

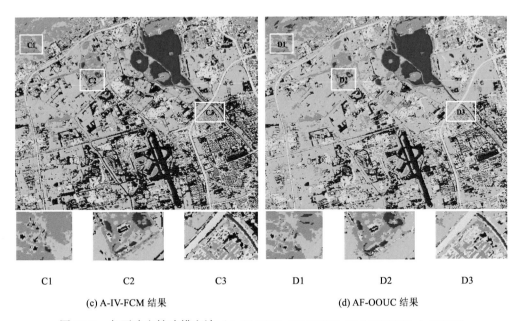

| C1 | C2 | C3 | D1 | D2 | D3 |

(c) A-IV-FCM 结果　　　　　　　　　　　(d) AF-OOUC 结果

图 10-3　各不确定性建模方法（A-IV-FCM, AF-OOUC, KM-IT2FCM, A-IT2FM
及 CIMAFC）对颐和园附近 SPOT5 数据的聚类分析结果

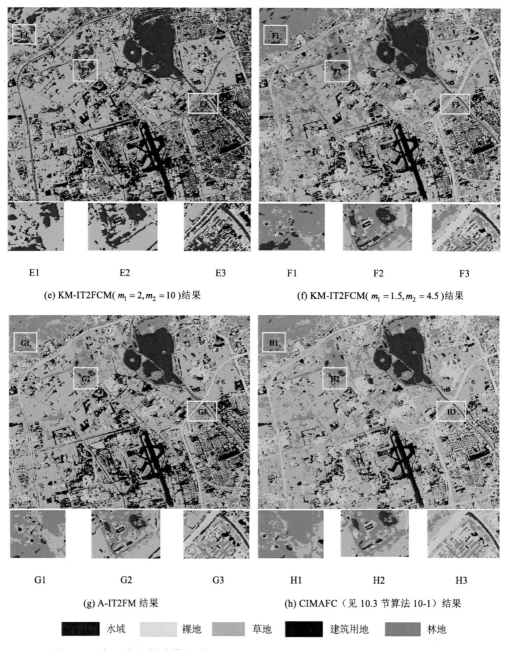

E1   E2   E3   F1   F2   F3

(e) KM-IT2FCM($m_1 = 2, m_2 = 10$)结果   (f) KM-IT2FCM($m_1 = 1.5, m_2 = 4.5$)结果

G1   G2   G3   H1   H2   H3

(g) A-IT2FM 结果   (h) CIMAFC（见 10.3 节算法 10-1）结果

■ 水域   □ 裸地   ■ 草地   ■ 建筑用地   ■ 林地

图 10-3 各不确定性建模方法（A-IV-FCM, AF-OOUC, KM-IT2FCM, A-IT2FM 及 CIMAFC）对颐和园附近 SPOT5 数据的聚类分析结果（续）